WHAT IS ETHICS
伦理学是什么

何怀宏 著

图书在版编目(CIP)数据

伦理学是什么/何怀宏著. —北京:北京大学出版社,2015.9
（人文社会科学是什么）
ISBN 978-7-301-25900-9

Ⅰ.①伦… Ⅱ.①何… Ⅲ.①伦理学—通俗读物 Ⅳ.①B82-49

中国版本图书馆 CIP 数据核字(2015)第 121179 号

书　　　名	伦理学是什么
著作责任者	何怀宏　著
策 划 编 辑	杨书澜
责 任 编 辑	闵艳芸
标 准 书 号	ISBN 978-7-301-25900-9
出 版 发 行	北京大学出版社
地　　　址	北京市海淀区成府路 205 号　100871
网　　　址	http://www.pup.cn
电 子 信 箱	minyanyun@163.com
新 浪 微 博	@北京大学出版社
电　　　话	邮购部 62752015　发行部 62750672　编辑部 62750673
印 刷 者	北京中科印刷有限公司
经 销 者	新华书店
	890 毫米×1240 毫米　A5　9.5 印张　190 千字
	2015 年 9 月第 1 版　2022 年 1 月第 6 次印刷
定　　　价	48.00 元

未经许可，不得以任何方式复制或抄袭本书之部分或全部内容。
版权所有，侵权必究
举报电话：010-62752024　电子信箱：fd@pup.pku.edu.cn
图书如有印装质量问题，请与出版部联系，电话：010-62756370

阅 读 说 明

亲爱的读者朋友：

非常感谢您能够阅读我们为您精心策划的"人文社会科学是什么"丛书。这套丛书是为大、中学生及所有人文社会科学爱好者编写的入门读物。

这套丛书对您的意义：

1. 如果您是中学生，通过阅读这套丛书，可以扩大您的知识面，这有助于提高您的写作能力，无论写人、写事，还是写景都可以从多角度、多方面展开，从而加深文章的思想性，避免空洞无物或内容浅薄的华丽辞藻的堆砌（尤其近年来高考中话题作文的出现对考生的分析问题能力及知识面的要求更高）；另一方面，与自然科学知识可提供给人们生存本领相比，人文社会科学知识显得更为重要，它帮助您确立正确的人生观、价值观，教给您做人的道理。

2. 如果您是中学生，通过阅读这套丛书，可以使您对人文社会科学有大致的了解，在高考填报志愿时，可凭借自己的兴趣去选择。因为兴趣是最好的老师，有兴趣才能保证您在这个领域取得成功。

3. 如果您是大学生，通过阅读这套丛书，可以帮助您更好地进入自己的专业领域。因为毫无疑问这是一套深入浅出的教学参考书。

4. 如果您是大学生,通过阅读这套丛书,可以加深自己对人生、对社会的认识,对一些经济、社会、政治、宗教等现象做出合理的解释;可以提升自己的人格,开阔自己的视野,培养自己的人文素质。上了大学未必就能保证就业,就业未必就是成功。完善的人格,较高的人文素质是保证您就业以至成功的必要条件。

5. 如果您是人文社会科学爱好者,通过阅读这套丛书,可以让您轻松步入人文社会科学的殿堂,领略人文社会科学的无限风光。当有人问您什么书可以使阅读成为享受?我们相信,您会回答:"人文社会科学是什么"丛书。

您如何阅读这套丛书:

1. 翻开书您会看到每章有些语词是黑体字,那是您必须弄清楚的重要概念。对这些关键词或概念的把握是您完整领会一章内容的必要的前提。书中的黑体字所表示的概念一般都有定义。理解了这些定义的内涵和外延,您就理解了这个概念。

2. 书后还附有作者推荐的书目。如您想继续深入学习,可阅读书目中所列的图书。

我们相信,这套书会助您成为人格健康、心态开放、温文尔雅、博学多识的人。

序 一

让人文情怀和科学精神滋润心田

北京大学校长

林建华

一直以来,社会都比较关注知识的实用性,"知识就是力量""科学技术是第一生产力",对于一个物质匮乏、知识贫乏的时代来说,这无疑是非常必要的。过去的几十年,中国经济和社会都发生了深刻变化,常常给人恍如隔世的感觉。互联网＋、跨界、融合、大数据,层出不穷、正以难以想象的速度颠覆传统……。中国正与世界一起,经历着更猛烈的变化过程,我们的社会已经进入到以创新驱动发展的阶段。

中国是唯一一个由古文明发展至今的大国,是人类发展史上的奇迹。在近代史中,我们的国家曾经历了百年的苦难和屈辱,中国人民从未放弃探索伟大民族复兴之路。北京大学作为中国最古老的学府,一百多年来,一直上下求索科学技术、人文学科和社会科学的发展道路。我们深知,进步决不是忽视既有文明的积累,更不可能用一种文明替代另一种文明,发展必须充分吸收人类积累的知识、承载人类多样化的文明。我们不仅应当学习和借鉴西方的科学和人文情怀,还要传承和弘扬中国辉煌的文明和智慧,这些正是中国大学的历史使命,更是每个龙的传人永远的精神基因。

通俗读物不同于专著,既要通俗易懂,还要概念清晰、更要喜闻乐见,让非专业人士能够读、愿意读。移动互联时代,人们的阅读习惯正在改变,越来越多的人喜欢碎片化地去寻找和猎取知识。我们真诚地希望,这套"人文社会科学是什么"丛书能帮助读者重拾系统阅读的乐趣,让理解人文学科和社会科学基本内容的欣喜丰盈滋润心田;我们更期待,这套书能成为一颗让人胸怀博大的文明种子,在读者的心田生根、发芽、开花、结果。无论他们从事什么职业,都能满怀人文情怀和科学精神,都能展现出中华文明和人类智慧。

历史早已证明,最伟大的创造从来都是科学与艺术的完美结合。我们只有把科学技术、人文修养、家国责任连在一起,才能真正懂人之为人、真正懂得中国、真正懂得世界,才能真正守正创新、引领未来。

2015 年 8 月

序　二

重视人文学科　高扬人文价值

北京大学校长

人类已经进入了21世纪。

在新的世纪里,我们中华民族的现代化事业既面临着极大的机遇,也同样面临着极大的挑战。如何抓住机遇,迎接挑战,把中国的事情办好,是我们当前的首要任务。要顺利完成这一任务的关键就是如何设法使我们每一个人都获得全面的发展。这就是说,我们不但要学习先进的自然科学知识,而且也得学习、掌握人文科学知识。

江泽民主席说,创新是一个民族的灵魂。而创新人才的培养需要良好的人文氛围,正如有些学者提出的那样,因为人文和艺术的教育能够培养人的感悟能力和形象思维,这对创新人才的培养至关重要。从这个意义上说,人文科学的知识对于我们来说要显得更为重要。我们迄今所能掌握的知识都是人的知识。正因为有了人,所以才使知识的形成有了可能。那些看似与人或人文学科毫无关系的学科,其实都与人休戚相关。比如我们一谈到数学,往往首先想到的是点、线、面及其相互间的数量关系和表达这些关系的公理、定理等。这样的看法不能说是错误的,但却是不准确的。因为它恰恰忘记了数学知识是人类的知识,没有人类的富于创造性的理性活动,我们是不可能形成包括数学知识在内的知识系统的,所以爱因斯坦才说:"比如整数系,显然是人类头脑的一种发明,一种自己创造自己的工具,它使某些感觉经验的整理简单化了。"数学如此,逻辑学知识也这样。谈到逻辑,我们首先想到的是那些枯燥乏味的推导原理或公式。其实逻辑知识的唯一目的在于说明人类的推理能力的原理和作用,以及人类所具有的观念的性质。总之,一切知识都是人的产物,离开了人,知识的形成和发展都将得不到说明。

因此我们要真正地掌握、了解并且能够准确地运用科学知识,就必须首先要知道人或关于人的科学。人文科学就是关于人的科学,她告诉我们,人是什么,人具有什么样的本质。

现在越来越得到重视的管理科学在本质上也是"以人为本"的学科。被管理者是由人组成的群体,管理者也是由人组成的群体。管理者如果不具备人文科学的知识,就绝对不可能成为优秀的管理者。

但恰恰如此重要的人文科学的教育在过去没有得到重视。我们单方面地强调技术教育或职业教育,而在很大的程度上忽视了人文素质的教育。这样的教育使学生能够掌握某一门学科的知识,充其量能够脚踏实地完成某一项工作,但他们却不可能知道人究竟为何物,社会具有什么样的性质。他们既缺乏高远的理想,也没有宽阔的胸怀,既无智者的机智,也乏仁人的儒雅。当然人生的意义或价值也必然在他们的视域之外。这样的人就是我们常说的"问题青年"。

当然我们不是说科学技术教育或职业教育不重要。而是说,在学习和掌握具有实用性的自然科学知识的时候,我们更不应忘记对于人类来说重要得多的学科,即使我们掌握生活的智慧和艺术的科学。自然科学强调的是"是什么"的客观陈述,而人文学科则注重"应当是什么"的价值内涵。这些学科包括哲学、历史学、文学、美学、伦理学、逻辑学、宗教学、人类学、社会学、政治学、心理学、教育学、法律学、经济学等。只有这样的学科才能使我们真正地懂得什么是真正的自由、什么是生活的智慧。也只有这样的学科才能引导我们思考人生的目的、意义、价值,从而设立一种理想的人格、目标,并愿意为之奋斗终身。人文学科的教育目标是发展人性、完善人格,提供正确的价值观或意义理论,为社会确立正确的人文价值观的导向。

国外很多著名的理工科大学早已重视对学生进行人文科学的教育。他们的理念是,不学习人文学科就不懂得什么是真正意义的人,就不会成为一个有价值、有理想的人。国内不少大学也正在开始这么做,比如北京大学的理科的学生就必须选修一定量的文科课程,并在校内开展多种讲座,使文科的学生增加现代科学技术的知识,也使理科的学生有较好的人文底蕴。

我们中国历来就是人文大国,有着悠久的人文教育传统。古人云:"文明以止,人文也。观乎天文,以察时变,观乎人文,以化成天下。"这一传统绵延了几千年,从未中断。现在我们更应该重视人文学科的教育,高扬人文价值。北京大学出版社为了普及、推广人文科学知识,提升人文价值,塑造文明、开放、民主、科学、进步的民族精神,推出了"人文社会科学是什么"丛书,为大中学生提供了一套高质量的人文素质教育教材,是一件大好事。

2001 年 8 月

人文素质在哪里?

——推介"人文社会科学是什么"丛书

乐黛云

人文素质是一种内在的东西,正如孟子所说:"仁义礼智根於心,其生色也睟然,见於面,盎於背,施於四体,四体不言而喻。"(《尽心上》)人文素质是人对生活的看法,人内心的道德修养,以及由此而生的为人处世之道。它表现在人们的言谈举止之间,它于不知不觉之时流露于你的眼神、表情和姿态,甚至从背后看去也能充沛显现。

要培养和提高自己的人文素质,首先要知道在历史的长河中人类创造了哪些不可磨灭的最美好的东西;其次要以他人为参照,了解人们在这浩瀚的知识、艺术海洋中是如何吸取营养,丰富自己的;第三是要勤于思考,敏于选择,身体力行,将自己认为真正有价值的因素融入自己的生活。要做到这三点并不是一件容易的事,往往会茫无头绪,不知从何做起。这时,人们多么希望能看到一条可以沿着向前走的小径,一颗在前面闪烁引路的星星,或者是过去的跋涉者留下的若隐若现的脚印!

是的,在你面前的,就是这条小径,这颗星星,这些脚印!这就是：《哲学是什么》《美学是什么》《文学是什么》《历史学是什么》《心理学是什么》《逻辑学是什么》《人类学是什么》《伦理学是什么》《宗教学是什么》《社会学是什么》《教育学是什么》《法学是什么》《政治学是什么》《经济学是什么》，等等，每册15万字左右的"人文社会科学是什么"丛书。这套丛书向你展示了古今中外人类文明所创造的最有价值的精粹，它有条不紊地为你分析了各门学科的来龙去脉、研究方法、近况和远景；它记载了前人走过的弯路和陷阱，让你能更快地到达目的地；它像亲人，像朋友，亲切地、平和地与你娓娓而谈，让你于不知不觉中，提高了自己的人生境界！

要达到以上目的，丛书的作者不仅要有渊博的学问，还要有丰富的治学经验和远见卓识，更重要的是要有一种走出精英治学的小圈子，为年青的后来者贡献时间和精力的胸怀。当年，在邀请作者时，策划者实在是十分困难而又费尽心思！经过几番艰苦努力，丛书的作者终于确定下来，他们都是年富力强，至少有20年学术积累，一直活跃在教学科研第一线的，有主见、有创意、有成就的学术骨干。

《历史学是什么》的作者葛剑雄教授则是学识渊博、声名卓著、足迹遍及亚非欧美的复旦大学历史学家。其他作者的情形大概也都类此，他们繁忙的日程不言自明，然而，他们都抽出时间，为这套旨在提高年轻人人文素质的丛书进行了精心的写作。

《哲学是什么》的作者胡军教授，早在上世纪90年代初期就已获北京大学哲学博士学位，在中、西哲学方面都深有造诣。目前，他不仅要带博士研究生、要上课,而且还是统管北京大学哲学系全系科研与教学的系副主任。

《美学是什么》的作者周宪教授,属于改革开放后北京大学最早的一批美学硕士,后又在南京大学读了博士学位,现任南京大学中文系系主任。

从已成的书来看,作者对于书的写法都是力求创新,精心构思,各有特色的。例如胡军教授的书,特别致力于将哲学从狭小的精英圈子里解放出来,让人们懂得:哲学就是指导人们生活的艺术和智慧,是对于人生道路的系统的反思,是美好的、有意义的生活的向导,是我们正不断地行进于其上的生活道路,是爱智慧以及对智慧的不懈追求,是力求提升人生境界的境界之学。全书围绕"哲学为何物"这一问题,层层展开,对"哲学的问题""哲学的方法""哲学的价值"等难以通俗论述的问题做了清晰的分梳。

葛剑雄教授的书则更多地立足于对现实问题的批判和探讨,他一开始就区分了"历史研究"和"历史运用"两个层面,提出对"历史研究"来说,必须摆脱政治神话的干扰,抵抗意识形态的侵蚀,进行学科的科学化建设。同时,对"影射史学""古为今用""以史为鉴""春秋笔法",以及清宫戏泛滥、家谱研究盛行等问题做了深入的辨析,这些辨析都是发前人所未发,不仅传播了知识而且对史学理论也有独到的发展和厘清。

周宪教授的《美学是什么》更是呈现出极为新颖独到的构思。该书在每一部分正文之前都选录了几则古今中外美学家的有关警言,正文中标以形象鲜明生动的小标题,并穿插多处小资料和图表,"关键词"和"进一步阅读书目"则会将读者带入更深邃的美学空间。该书以"散点结构"的方式尽量平易近人地展开作者与读者之间的平等对话;中、西古典美学与现代美学之间的平等对话;作者与中、西古典美学和现代美学之间的平等对话,因而展开了一道又一道多元而开阔的美学风景。

  这里不能对丛书的每一本都进行介绍和分析,但可以确信地说,读完这套丛书,你一定会清晰地感觉到你的人文素质被提高到了一个新的境界,这正是你曾苦苦求索的境界,恰如王国维所说:"众里寻他千百度,回头蓦见,那人正在灯火阑珊处。"于是,你会感到一种内在的人文素质的升华,感到孟子所说的那种"见於面,盎於背,施於四体"的现象,你的事业和生活也将随之进入一个崭新的前所未有的新阶段。

目 录
CONTENTS

阅读说明 / 001

序一　林建华 / 001
让人文情怀和科学精神滋润心田

序二　许智宏 / 001
重视人文学科　高扬人文价值

人文素质在哪里？
——推介"人文社会科学是什么"丛书　乐黛云 / 001

一　伦理学的对象与问题

1　对待道德问题的两种态度 / 005

2　"伦理"与"道德"概念 / 010

3　道德现象的一个实例 / 015

4　有道德、非道德和不道德 / 023

二　伦理学的性质与关联

1　伦理学科的产生 / 035

2　伦理学的性质与任务 / 042

3　伦理学的内部划分与外部关联 / 047

4　道德与经济 / 054

　　5　道德与法律 / 058

　　6　道德与宗教 / 062

三　道德判断的根据

　　1　一个道德选择的例证 / 068

　　2　道德判断的划分 / 075

　　3　义务论与目的论 / 078

　　4　利己主义 / 083

　　5　功利主义 / 088

　　6　完善论 / 090

四　道德原则的论证

　　1　作为道德原则的普遍性 / 096

　　2　寻求共识 / 102

　　3　现代社会伦理的基本性 / 106

　　4　道德原则论证的几种可能方向 / 111

　　5　原则与例外 / 114

五 道德义务

1 一个反省和履行义务的范例 / 123

2 对义务的敬重心 / 129

3 基本义务的履行 / 138

六 道德情感

1 同情与怜悯 / 151

2 道德情感缺失之一例 / 157

3 恻隐之心 / 167

七 德性、幸福与善

1 什么是德性 / 180

2 德性的演变 / 187

3 德性与幸福 / 193

4 善与至善 / 200

八 正义

1 "正义"的概念 / 210

2 正义的观念与理论 / 217

3 正义的原则 / 224

九 全球伦理

1 全球伦理的一个文本 / 237

2 全球伦理能否普遍化？/ 243

3 持久和平如何可能？/ 251

阅读书目 / 263

伦理学概念简释 / 265

后记 / 279

编辑说明 / 283

伦理学的对象与问题

"……头脑并没有丢失,而是在头脑里装着的东西遗失了。……"

"你说的是什么,米卡?"

"思想,思想,就是说这个!伦理学。你知道伦理学是什么?"

"伦理学么?"阿辽沙惊异地说。

"是的,那是不是一种科学?"

"是的,有这样一门科学,……不过……说实话,我没法对你解释清楚那是什么科学。"

——陀斯妥耶夫斯基《卡拉马佐夫兄弟》

　　罗丹的名作《思想者》刻画了一个陷入沉思中的孤独的思想者的形象。从某种意义上,这一杰作揭示了人类的根本特征:人是具有反思能力和自我意识的动物,思想是人的本质规定和存在方式。

"伦理学是什么?"当这个问题出现在我们心里时,我们不妨再问一下自己:为什么这个问题会出现在我心里,我为什么会关注伦理学?这样一种向更深层次的追问也是很接近于一种哲学反省的方式的。

一般说来,关注这一问题的动因主要来自两个方面:

第一,我可能是碰到了一些使自己感到相当困扰而又紧迫的实践问题:例如我不知道在某种特殊情况下是否要说出自己所知道的事情的真相,或者当遇到不公正的对待时我可以采取什么方式应对等等。有时则是我做过了某件事情,这件事引起他人的非议,自己心里也开始感到极度不安和焦虑。在这样一些时候,我就可能迫切地想寻求一些或许可以帮助我理清这些问题的指导或借鉴。本章标题下所引陀斯妥耶夫斯基《卡拉马佐夫兄弟》中人物米卡所提出的"伦理学是什么"的问题,也就是出自这样一种实践的焦虑。

第二,我可能是对这门学科有兴趣,由于职业、学科关联或纯粹

拉斐尔《雅典学派》的一处细部：左侧的毕达哥拉斯在一本书上写着什么，而恩培多克勒和阿维罗伊从他的肩膀看下去，意欲了解他在写什么。哲学家都是充满了好奇心的人。

知识上的好奇心,我很想知道一些这方面的知识,尤其是后一种单纯的好奇心弥足珍贵,始终保有这样单纯的知识兴趣的人是心灵永远年轻的人,也是幸福的人,哪怕他们垂垂老矣。例如苏格拉底被判死刑之后仍然在狱中学习作诗,在学习弹奏七弦琴,在就死当日也仍然在讨论哲学。古希腊的哲人,尤其是第一批哲人也都表现出一种对于世界的强烈而单纯的惊异和好奇,他们被称为"孩子",古希腊的哲学被称为"哲学的童年"不无道理。

我们可以把第一种关注称作**实践的焦虑**,把第二种关注称作**知识的兴趣**。这两个方面自然是有联系的,人们经常是受到实践问题的刺激,然后试图用概念、理论去把握这些问题,伦理学也就这样地发展起来了,并反过来影响着社会。本章以下部分乃至整本书的叙述也会始终试图注意这样两个方面,即一方面是现实的道德问题和困难,是对个案和例证的分析,另一方面是陈述一些概念、观点和理论。我们甚至可能得经常在问题、现象、例证与概念、知识、理论之间切换。我们下面就先以陀斯妥耶夫斯基的作品为例来分析一下现实生活中人们对于伦理道德的两种态度,再来分析一下"伦理"与"道德"这两个伦理学中的基本概念。

1 对待道德问题的两种态度

陀斯妥耶夫斯基的最后一部、几乎可以视作是他的"思想遗嘱"的长篇小说《卡拉马佐夫兄弟》全书围绕着"弑父"这一案件展开:老卡拉马佐夫荒淫好色;他的长子米卡曾出于激情和鄙视扬言要杀死自己的父亲;次子伊凡则为上述问题苦恼,整天琢磨一种实际上将使杀人——哪怕是弑父——合法化的理论;生活在底层的私生子、怨恨的斯麦尔佳科夫在这种理论的影响下真的这样干了,从而使最小的儿子、纯洁的阿辽沙想阻止这一悲剧发生的努力终归无效。

小说中的米卡不是学者,不是思想者,而是充满行动激情的人,他是迷乱的、狂热的,其激情有时可能引发极其高尚无私的行为,有时又可能导致极其狂暴伤人的行为。他常常无意识地在善恶之间奔突,凭激情有时做出好事,有时又做出坏事。他平时不怎么思考,不怎么反省自身,然而,在经历了一个惊心动魄、他差点杀死一个人、又把别人的钱挥霍一空的夜晚之后,当他被当作弑父的嫌疑犯被逮捕——因为他确曾说过威胁父亲的话,而在其父亲被杀的那天晚上他又确实在现场出现过并打了他们家的老仆人——之后,他开始感到了道德的沉重分量,开始感到了道德和宗教永恒之罚的可怕力量——而法律惩罚的力量还远在其次,他甚至觉得这种惩罚对于道德上的新生是必要的。他开始真正痛苦和深入地反省自己的行为,他觉得自己明白了不仅做一个卑鄙的人活着不行,连作为一个卑鄙的人而死也是不行的。在开审的前一天,他对即将针对自己的开审及判决结果却并不关心,而是想跟阿辽沙说"最主要的问题",这时他提出了"伦理学是什么"的问题。

米卡后来又一次向阿辽沙追问:"归根结底道德是什么?""道德是不是都是相对的?"他说:"这真是叫人挠头的问题!我要是对你说,我为这个问题两夜没睡着,你不要笑!现在我奇怪的只是人们在那里生活着,却一点也不去想它。"

米卡以前也只是活着而不去想它,但在碰到如此严重的困境,被抛入一种边缘处境之后,他却再也不能不想了。他的弟弟伊凡·卡拉马佐夫也经历了类似的折磨,伊凡在父亲被杀后感觉到有一个魔鬼在逗弄他,那魔鬼说:"良心!什么是良心!良心是我自己做的。我干吗要受它折磨?那全是由于习惯。由于七千年来全世界人类的习惯。所以只要去掉这习惯,自己就能变成神了。"而伊凡承认,那魔鬼就是他,就是他自己,就是他身上"全部下流的东西,全部卑鄙、下贱的东西。"而他心中实际又良知未泯、以致阿辽沙怜惜地望着兄长:"他真把你折磨苦了!"

我们可以在人们的生活中发现两种对于道德问题或者说对于伦理学的态度。一种是上述反省的态度,正是这种反省的态度直接推进了伦理学的思考,因为伦理学其实也主要就是对于道德问题的哲学反省。还有一种则是不反省的态度,它对伦理学持一种冷淡或者无视的态度,但它有时也从反面对伦理学构成刺激和挑战,从而也间接地促进了伦理学的发展。

我们这里要把这种不反省的态度与日常生活中的道德习惯区分开来。我们平时常常也只是习惯地遵循道德风俗和法律,并且在确实还没有遇到令人困扰的问题时,一般不会进入对道德问题的反

美国 Lookingglass Theatre 排演的戏剧《卡拉马佐夫兄弟》中的一个场景,老卡拉马佐夫的长子米卡一向鄙视父亲的恶劣品行,更对父亲与自己争夺同一名女子的荒唐行径愤恨不已,遂于某夜携带凶器藏于父亲窗下,意欲杀死父亲。

省,即根据习惯、不假思索地行动而仍大致不逾规矩。所以,这种"不反省"常常只是暂时的。而我们在此所指称的一种"不反省"则是指有自己的一定之见——如个人对道德持一种完全相对主义或虚无主义的固定态度,或者同时伴有一种极端利己或享乐主义的观点,内心也不再有任何焦虑和廉耻之心,对道德思考、从而也对研究道德的伦理学持一种完全拒斥的态度。例如老卡拉马佐夫就如此向其幼子陈述他的生活哲学:他说他就愿过他那种"龌龊生活一直过到底",因为"过龌龊生活比较甜蜜";说大家咒骂这种生活,可是谁都在过这种生活,"只不过人家是偷偷地,而我是公开的。正因为我坦白,那些做龌龊事的家伙就大肆攻击起我来了。"至于以后的天堂、地狱,他也不怕,因为照他的看法,人"一觉睡去,从此不醒,就一切都完了。"这是一种主要基于个人享乐主义观点的"不反省",还有一种"不反省"则可能是基于群体的观点,盲目或狂热地相信某种宗教教义或政治教条,从而同样失去了自己的道德反省和独立思考能力。

"不反省"有时还由于一种思想上的懒惰或惰性。思考和反省是需要做出努力、付出代价的,它决不轻松,至少在一段时间里常常还不怎么愉快,所以我们有时会尽量回避它。但是,对于自己所经历的一些重大的、具有道德意义的事件进行反省还是很有必要的,这涉及我们愿意做一个什么样的人来度过自己的一生,涉及我们是不是能够不断调整自己至少不犯同样的错误,以及我们是不是最终能获得一种平和、宁静的心境——这种宁静实际上是构成我们幸福的一个最重要部分。在柏拉图的《理想国》开篇,一个老人曾以自己的切身体验对苏格拉底说:"当一个人想到自己不久要死的时候,就会有一种从来不曾有过的害怕缠住他。关于地狱的种种传说,以及在阳世作恶,死了到阴间要受报应的故事,以前听了当作无稽之谈,现在想起来开始感到不安了——说不定这些都是真的呢!不管是因为年老体弱,还是因为想到自己一步步逼近另一个世界了,他把这些情景都看得更加清楚了,满腹恐惧和疑虑。他开始扪心自问,有没有在什么地方害过什么人?如果他发现自己这一辈子造孽不少,夜里常常会像小孩一样从梦中吓醒,无限恐怖。"这里是从超验之维的角度谈到了道德反省的义务论含义,至于一种更广义的、反省的价值论含义,我们则可从苏格拉底的一句名言得知:"未经反省的人生不值得活。"

2 "伦理"与"道德"概念

对于"伦理学是什么"的问题,简单地讲,我们可以像说物理学、地理学、心理学等许多学科一样,顾名思义,**伦理学**就是研究"伦理",或者说研究"人伦之理""做人之理",我们可以以这个最初步的定义作为我们的出发点,由此我们可以看到伦理学也是人文学科的重要一支,即伦理学是有关人与人关系的学问,因为,"伦"的本义也就是"关系"或"条理",古人说的"五伦",也就是指人与人的五种主要关系,或者说条理,即所谓"五常"或"纲常"。在古代,这种关系还特别指亲属关系,"五伦"的主体是亲属关系,所以人们也会说享受亲情的快乐是"天伦之乐",而破坏这种关系的一种罪行则为"乱伦"。但人之伦、人之理也可以说有其他方面的内容,广义的"人理学"或"人文学"大概不仅要包括所有人文学科,甚至还要包括社会科学诸学科,而我们已经习用的"伦理学"显然并不是研究人的全部道理的,那么,"伦理学"是有关人的道理的哪一部分呢?它是一门什么样的学科呢?

在此,我们先要指出一个与"伦理"相近的概念,一般的教科书也更是经常如此给出另一个初步的定义:说伦理学就是研究道德的,伦理学的研究对象就是道德,"道德"与"伦理"这两个概念,无论是在中文里面,还是在其西文的对应词里面,一般并不做很严格的区分。它们都是关乎人们行为品质的善恶正邪,乃至生活方式、生命意义和终极关怀。因而,以道德为自己的研究对象的伦理学,也就是关于这些问题的种种说法和道理的一门学问。当然,至此这定义还是很空洞,几乎什么也没有说明,必须做出具体的分析。

我们在此有必要区分作为对象活跃地存在着的道德现象和对这一现象的思考和研究。我们还是先从概念入手。"伦理"与"道德"这两个概念大致相同,经常可以互相换用,但是,无论在日常用法还是在其语源和历史用法中,还是有一些变化和差别,观察这些变化和差异,将有助于我们较深入和全面地理解伦理学的研究对象。

陀斯妥耶夫斯基(1821—1881)是一位伟大的俄罗斯作家,同时也是一位文学界的伟大思想家和提问者,他以其热烈的真诚、敏感和才华,在其作品,尤其是后期的长篇小说《罪与罚》《群魔》和《卡拉马佐夫兄弟》中提出了有关现代人的道德状况、价值追求和精神信仰的根本问题。

比方说,在我们日常生活中对"伦理""道德"的使用中,我们会说某个人"有道德",或者说是"有道德的人",但一般习惯不会说这个人"有伦理",是"有伦理的人";而另一方面,我们一般都用"伦理学"、甚至可直接用"伦理"来指称这门学问,而较少用"道德学"来指称。换句话说,在日常用法中,如果我们细细体会,会发现"道德"更多地或更有可能用于人,更含主观、主体、个人、个体意味;而"伦理"更具客观、客体、社会、团体的意味。这两个词的历史用法中大致也是这样,它们的古今用法比较趋于一致。即便在儒家那里,传统"道德"概念本身也含有较浓厚的自我主义和强调主体观点的痕迹,尤其是"德(得)"字。在某种意义上,"道德"即是"使道(道理、道义、原则之类)得之于己","道德"也就是"得道"。

当然,我们在学科的理论形态方面还要遇到一些困难,即在中国历史上,虽然很早就出现了"道德""伦理"这两个词,如《礼记·乐记》说:"乐者,通伦理者也。"又《礼记·曲礼》说:"道德仁义,非礼不成。"《庄子·刻意》说:"恬淡寂寞,虚无无为,此天地之平而道德之质也。"《韩非子·五蠹》也说:"上古竞于道德,中世逐于智谋,当今争于气力。"但这些地方所用的"伦理"和"道德"并不是固定常用的伦理学概念。在中国古代,在"伦理"这一面,被更多地使用的近义词是像义、理、伦、人伦、伦常、纲常、仁义、天理等词;在"道德"这一面,更常被使用的近义词是像道、德、仁、仁爱、德性、德行、心性等词。只是到了中国的近代,"伦理"和"道德"才成为固定和基本的伦理学概念,并且分别和西文中的词有了约定俗成的联系,如"伦理"一般对应于英文中的"ethic""ethics","道德"一般对应于"moral"或"morality"。但两者又不是、也不可能完全对应,尤其是涉及各自的语源和使用历史的时候,这样,理解两者有时就会带来一些困难,容易使人混淆,我们要细加辨析。

"ethics"(伦理)是源自希腊文的"ethos"一词,"ethos"的本意是"本质""人格";也与"风俗""习惯"的意思相联系,而亚里士多德大概是第一个在严格的术语意义上使用"伦理学"(ethics)的人,由于他,伦理学才明确地成为一门有系统原理的、独立的学科。后来罗马人用"moralis"来翻译"ethics",介绍这个词的西塞罗说这是"为了丰富拉丁语"的语汇,它源自拉丁文的"mores"一词,原意是"习惯"或"风俗"的意思。

黑格尔区分"道德"与"伦理"的用法。他认为,"道德"同更早的环节即"形式法"都是抽象的东西,只有"伦理"才是它们的真理。因而"伦理"比"道德"要高,"道德"是主观的,而"伦理"是在它概念中的抽象客观意志和同样抽象的个人主观意志的统一。

哈贝马斯认为,现代实践哲学有实用的、伦理的与道德的三种不同的应用或实践观点,它们分别对应于三个不同的任务:即有目的的、善的和正义的。而现代实践哲学也有三个主要的源泉:即功利主义、亚里士多德伦理学和康德道德理论。他看来倾向于认为,他的"话语伦理学"是试图达到这三者的一个新的综合的尝试,即达到一个甚至比黑格尔范围更大、也更恰当的综合。但我们在此要注意,这里善、价值是与"伦理"的概念挂钩,而义务、正义是与"道德"的概念挂钩,这与中国对这两个概念的一般用法是不太一样的。

总之,东西方学者对"moral"(道德)与"ethics"(伦理)的解释的歧异,反映出哲学家们的不同趋向,这种不同趋向的一个极重要差别是更强调主观还是客观,内在还是外在、个人还是社会。这种差别往往会决定各种伦理学理论的不同走向。虽然并不一定要通过区分和辨析这两个概念来显示差别,但这种对作为伦理学研究对象的概念的辨析,还是将有助于我们了解这种分野。"**伦理**"可以是低层次的、外在的、类似于法律、"百姓日用而不知"的东西,但也可以是高层次的、综合了主客观的、类似于家园、体现了人或民族的精神本质的、可以在其中居留的东西。它连接内外,沟通上下,甚至在凡俗和神圣之间建立起通道。下面我们在使用这两个概念的时候也会稍稍有点差异,当表示规范、理论的时候,我们较倾向于用"伦理"一词,而当指称现象、问题的时候,我们较倾向于使用"**道德**"一词。

不过,一般说来,"道德"与"伦理"大多数情况下都是被用作同义词的。它们有微殊而无迥异。除了在某些哲学家那里之外,这对词在后来的用法中也更多地是接近而不是分离。无论如何,两个概念的趋同还是主流,我们在日常和理论上的使用也基本上还是大致可以遵循这一主导倾向。

3　道德现象的一个实例

以上是讨论两个最基本的概念,那么,什么是作为伦理学研究对象的道德现象呢?在现实生活中,我们在什么情况下感到我们涉及了道德?我们可以从一个道德实例中引申出伦理学的一些重要概念。现在就让我们一起来考虑"偷钱,为哥哥交学费"这样一件真实的案例:

> 偷钱为哥哥交学费的弟弟叫章宏刚,河南人,他看父母为了供他们三个孩子上学历尽辛苦,16岁时决定先让哥哥读书,自己退学打工补充家用。1998年哥哥章宏涛在郑州复读的一年里,母亲替人家包饺子,父亲卖报纸、看自行车,弟弟挂广告牌、当业务员,全家人含辛茹苦来支持哥哥。
>
> 1999年8月,章宏涛终于接到华东理工大学录取通知书,

但9000元学费没有着落。全家人回到乡下老家,卖地卖猪,东拼西借,到章宏涛9月9日出发时,也只凑起了5000元。父亲9月7日中午给在郑州的章宏刚打了个传呼,说哥哥上学还差着钱,而明天就要上路了,章宏刚那天晚上正好看到从外面追款回来的同事小徐在宿舍点钱,他想偷不敢偷,想想又缺钱,打工挣钱又很难,反复想,还跑到楼顶上睡觉,想了几个小时还是决定从人家床头把钱偷走。他心里是想拿到钱让哥哥先顶急用,然后再还,包里面有45756元现金。

9月8日清晨郑州管城区公安局接到报案,10号三名警察就到了上海,据哥哥章宏涛回忆,他们和自己是前后脚到的。"十几个小时,就让我一个人待在一间屋子里,也不说弟弟到底犯了什么事,我连和父母商量一下都不可能。他们让我呼弟弟到上海,他们说,如果弟弟成了在逃犯,就毁了他一辈子。"章宏涛最后打了传呼。

接到传呼,9月12日,章宏刚装着给哥哥交学费用的一万块钱到了上海,直奔哥哥刚刚入学的华东理工大学。等待他的却是一张警察布下的恢恢法网。此后,直到2000年6月30日开庭,他才见到了用传呼把自己骗至上海的哥哥。那时章宏刚早就不恨哥哥了,但他承认,被抓住的那一刻是恨的,"千里迢迢到上海来送钱,结果竟然是这样?!"那时候,他没有见到哥哥,连听哥哥解释的机会都没有。

"弟打工,挣钱供哥度寒窗;哥及第,挥泪送弟入牢房",这样的标题赫然出现在1999年10月19日的河南《大河报》上。章宏涛骤然感到巨大的压力,他在电话中坦率地告诉记者,"最初连同学都不知道这事,我跟学校说了,弟弟是未成年人,我一手把弟弟给送进了监狱,我没法面对这件事,希望不要把这事捅出去。但报道出来后,记者来得太多了,校方开始都是帮我把记者往外挡,后来挡也挡不住。"

很多人是站在了弟弟的一边。弟弟的付出和偷钱时的动机,让人们感动的同时也忽略了他的罪行。"很多人都在议论这件事。我有一次很偶然到一个网站上看了看,发现那里大家都在骂哥哥,骂我狼心狗肺,骂得十分激烈,我一夜都没睡着。"章宏涛苦笑道。有人说,哥哥完全可以不与警察合作,另寻机会劝弟弟把钱偷偷地送回去;还有人说,投案自首也比把弟弟骗来让警察逮捕归案要好,最起码量刑要轻……章宏涛也知道,一旦判刑重些,弟弟在牢里好几年,不仅弟弟被毁了,自己也一辈子无法原谅自己。"其实面对那么多钱,如果是我弟需要,我也会动心的,只不过我懂法律,有自控力,不会那么做。但弟弟太天真了。"

2000年6月30日的审判庭上,管城区法院为章宏涛和他的父亲设置了一个特邀席。在看守所羁押近1年的章宏刚与哥哥四目相对。哥哥第一次亲耳听到弟弟一念之差下偷钱竟是因自己的学费而起,7月6日,法院宣判,"判章宏刚有期徒刑3年,缓刑4年执行,处以罚金5000元"。

结果让章宏涛一家人大喜过望。消息传到上海,一直关注此事的人都激动不已。这个结果,也让争论持续。在《河南日报》社停留的一天里,记者们论及此事,看法各异。有的说"如果不是因为案子是管城区少年法庭审的,根本不会有这么好的结果,管城区少年法庭是全国的优秀法庭,量刑的时候才认真地考虑了到底哪种方式对未成年人的将来有利。"也有的记者说,"对个人倒是挺有利了,可是这样判刑的结果不是有点视法律为儿戏吗?对整个社会,对被害人公平吗?!"还有的记者意见更为尖锐,认为,"法律不能因为动机善良就忽视事实结果。感人的故事多了,多少迫于无奈偷盗、抢劫的人都有特别让人同情的理由,但是犯法就是犯法,否则谁都可以打着高尚的幌子公然犯罪。法律必须有起码的界线!"《大河报》的记者胡扬则相信,"如果不是媒体的介入,章宏刚肯定是要判实刑。"

作为管城区法院的副院长,王琦的态度倒是很坦然,"我们的判决对于章宏刚的犯罪原因考虑得微乎其微,关键他是未成年人,又是初犯,一时起意。据我们调查,他一直是个聪明、从小学习很优秀的孩子,只是父亲的教育形式太单一,对社会现实、个人价值都缺乏认识,就知道要好好学习、将来出人头地,这就造成了章宏刚的逆反心理,对挫折的承受力不够。但是这一家的态度都说明,他的家庭监护条件较好,能够起到正面帮教的作用。"面对未来,章宏刚自信而态度清晰,他语气轻松地说,"周围的人肯定还会指指点点,可我不会管别人说些什么。

以前我对家人的教育总是听不进去，老觉得凭着自己的聪明，不读书也能当大老板，做大事，这次经历挽救了我一生。看到爸爸妈妈一下苍老了那么多，无论如何也不想让他们再为我操心了。"他准备在26号回郑州。在华东理工大学住着的这几天，他已经决定，回家后补习英语，上高中，像他哥哥一样考名牌大学。

记者一直等到23点一刻，章宏涛仍未从打工的肯德基回来。第二天早晨8点，记者与章宏涛通话。他态度平和，对于在肯德基从中午11点忙到晚上12点的生活没有怨言，章宏涛告诉记者，利用假期，他希望能挣出学费，挣出罚金，挣出弟弟上学的钱……当然他打工一个月挣的钱是五六百块，银行的贷学金由于找不到有力度的担保人，他还申请不到……"我只能尽力去做，该做的一定要做，不管结果如何。父母就那么大能力了，你能让他们做什么？弟弟为我付出那么多，也是我要为他付出的时候了。"

7月22日，记者在郑州儿童医院见到章宏涛的父母。他们住在住院部一层的楼梯下。一张单人床，两口破锅，三四个烂洋葱头，桌上搁着吃剩下的小半盆凉菜，不时有苍蝇舞动。在这个弥漫着氨水味、人来人往的楼梯口，他们栖身于此。两人的生活来源全靠李秀英为医院当清洁工挣得的每月300块钱。

他们在这里等待着。5000块罚金只交了800块钱，9月又是章宏涛交第二笔学费的时候。管城法院从轻处罚的决定为他们的绝望与恐惧带来极大的安慰,但缓刑期间,章宏刚何去何从,法院要求有切实可行的安排。

在采访结束之即,章宏涛的父亲问了记者一个问题:"新闻媒体说半天,有什么用没有?华东理工大学也不说减免学费,也没有学校肯接收弟弟入学,读个郑州的高中赞助费都要一两万,能不能说说,最起码给我们一个正常收费?谁能帮一下啊?"

记者回想郑州此行,有两个人的话说得最耐人寻味,一是管城区法院年轻的审判长管炜所言:"现在这种情况,收这么高的学费,又没有其他社会保障措施,连我们的家庭都没法承受,农村的聪明孩子就更没出路了。"《大河报》特稿部主任刘书志在听说章宏刚去往上海之事时,不胜唏嘘:"哎!我干了20年的新闻,倒有些糊涂了,这新闻很无理啊!我们所炒的热点,在人类进程中到底有多少是有意义的事情?"

(《三联生活周刊》2000/08/28 记者文,有整理和删节,主人公的姓名做了变动。)

以上这个例证不是一个简单的偷窃案,而可以说是情况比较复杂,甚至一波三折,最后的评价也还是在一些方面众说纷纭。它涉及目的与手段、个人责任和社会责任、法律与道德、司法与舆论、道德法纪教育与社会制度保障等种种问题,是非并不是一目了然,三言两语就可以说清楚,但这反而使这一例证富有分析和体验的价值。你自己可以设身处地,假设你就是其中的弟弟、或者哥哥、或者警察、或者法官、或者记者,想象一下你自己在这样的情势下会怎么做,你可以通过这样一个例子来感受一下道德现象的复杂性。

对这样一件事我们是可以从多方面去观察的,可以从道德的观点去看,也可以从法律的观点、认识论的观点、技术的甚至审美的观点去看。比如说,你可以从这件事情的因果、是偶然的还是必然的、偷窃行为从技术上做得高明还是笨拙、最后的量刑从法律上看是否恰当和准确等角度去看。也就是说,同一个行为可能是道德行为,也同时是法律行为、技术行为、审美行为等等,这有赖于我们是从什么观点来看这件事。而从不同的观点,对同一个行为可以做出不同的乃至完全相反的评价。比如说在这个案件中弟弟的偷钱,从技术上显然是笨拙的,作为同屋人,很容易就会被发现和抓住。而对一件打开银行保险箱的盗窃案,也许它从技术上说是相当高明的,甚至盗窃者犯这一窃案主要不是为了钱,而是将之作为一种技巧甚至艺术,使我们对这一技术也不能不做出"高明"的正面评价,但是,从道德的观点看,盗窃就是盗窃,就是一种恶,而不论其技巧如何高明。同样,对那些制作出精巧的电脑"病毒"的人也可以作如是观。

总之,我们要记住,并没有一种单纯的、仅仅是道德的,其他什么也不是的道德行为。而且,我们日常生活中大量的行为如穿衣吃饭都不是道德行为。一般来说,一个行为被实施了,并造成了对他人生命和社会利益的损害,它就可以从道德上被评价,就成为一种**道德行为**,它不仅包括行为的过程,也包括行为的后果,它是可以被他人从外部观察的。而这一行为过程又还有内在、主观的一面,如盗窃者行动前的紧张思考,就可以视之为是一种个体内心面临的**道德选择**,我们当然不能完全复原他的心理过程,但有时还是可以通过他的供述、日记以及过去我们对人的观察和自我反省略知一二。伴随此事件的还有大量复杂的心理活动,例如他的同学、兄弟、父母的种种感情和心理活动,以及表现这些心理和思考的议论、评介和媒体的报道、讨论等等,这些就构成了广泛的**道德评价**,而这一事件及其评价也许还构成一种思想理论的刺激,从中引申的某些道德概念和观点甚至可能变成后来学者的一个重要的思考起点,因为伦理学也以自身为研究对象,以自身的概念、理论及其历史为研究对象。

在上述案例中,当弟弟得知哥哥无钱交学费,而又恰好遇到同屋者有钱的事实因而辗转反侧时,可以说面临一个道德选择,而他的哥哥在巨大的压力下决定是否要打传呼骗弟弟来时,也可以说是面临一个道德选择。这种道德选择的特点就是主体面临一种类似**道德困境**的选择,即他要做的两件事都有相当的合理性或正当性,而他只能做非此即彼的选择,而不能同时兼顾。他的内心此时经历着相当程度的焦虑、紧张,做过后即便比较说来是对的也还是会有不安,做了错事之后则更是经常伴随着内疚和悔恨,这种在其内心起作用的**道德意识**我们也可称之为"良心"。而这件事报道出去之后,法庭判决之后则都引起了广泛而歧异的道德评价,到最后也还有一些困惑仍然留存,甚至更耐人寻思。

总之,**道德现象**就可以说是这种种行为过程、结果、心理活动、在电影《卡拉马佐夫》兄弟中，由 kirill lavrov 扮演的伊万·卡拉马佐夫是一个在道德困境中备受煎熬，苦苦挣扎的形象。他崇尚理智、善于思考，他同样憎恨自己的父亲，但和听凭激情驱使的长兄不同，他在思想世界中构造"弑父"的种种理由，力图使"弑父"的行为从理论上合法化。然而，当父亲真正被杀时，他内心的平衡被打破了；他在自己是否有罪责之间纠缠不清，最终不可避免地走向了癫狂。

思想观点的综合，它不仅包括行为的外在和内在的方面，包括实际地影响到他人、自我和社会的方面，还包括当事人和旁观者对行为的认识和反省。

4 有道德、非道德和不道德

道德是我们生活中真实存在的现象，稍加用心，我们每个人都可以观察、感觉和体会到这种现象，我们有时甚至就是其间的当事人、欲避无地、欲罢不能。但是,我们感觉到了它们,并不等于我们就清醒地认识了它们,而世界也就是一个现象的世界,所以我们需要追问:到底是什么可以使我们区分出道德现象和非道德现象呢?

"**道德的**"(moral)一词的意义既和"**非道德的**"(nonmoral)一词的意义相对立,这时它的意思是"属于道德的";也和"**不道德的**"(immoral)一词的意义相对立,这时它的意思是"有道德的"或者"合乎道德的",前者可以包括后者。有位经济学者写过一篇文章谈"不道德的经济学",结果引起不少争论,而他的意思其实是想说经济学非伦理学,基本上与道德评判不相干,也许他用"非道德的经济学"的说法引起的非议就要少得多。

我们这里首先在与"非道德"相对照的意义上分析何为道德:道德的准则和判断应如何与非道德的准则和判断相区别?道德上的"好"或者说"善"(good)、"正当"(right)与其他方面的,例如在明智、法律、审美、理智、宗教等等方面的"好""正确"之间有什么不同?我们说,某些人们的行为、品性乃至社会制度之所以可以从道德上被评价、被视为道德现象,是因为它关系到善恶正邪。"善恶正邪"也就是一种专属于道德的评价辞。

那么,"**善恶正邪**"又是在什么情况下可以给出呢?我们说,首先,它一定关乎到他人、关乎到社会,而且一般是关乎到对他人和社会的利益的维护或损害。或如约翰·哈特兰-斯温(Hartland-Swann)所言,"道德"概念与维护或违反那些被认为具有社会重要性的风俗习惯有关。某一类行为之所以被称之为道德行为,是因为履行这类行为被认为具有社会的重要性,忽视或妨碍这类行为将造

伦理学是关乎人与人之间关系的学科,"善恶正邪"这些道德评价总是关乎到人与人所组成的社会。

成社会的灾难。无论是问题或争论,还是判断、原则、目的,把它们区分为"道德的"和"非道德的",其区别点就是它们对于社会的利害关系程度。它们的道德性质,是由它们压倒一切的社会重要性所派生的。究竟哪些风俗习惯和行为规范是具有社会重要性的情况是会有变化的,有些过去对社会很重要的风俗习惯确实可能变得不那么重要,甚至基本退出社会的公共领域,例如恋爱婚姻问题就越来越成为个人的私事。但这并不意味着一切都是相对的、变化的,还是有一些基本的、普遍的准则。

与此相关的第二个问题是:伦理学不仅应当考虑对他人与社会的影响,还要考虑这种影响是不是切实地做出的,即伦理学应当优先和主要考虑行为的问题,其他的问题,例如人的道德精神境界的问题,人们的何种品性在道德上是善的,何种品性在道德上是恶的,什么事物或经验因其本身的缘故是值得拥有或欲望的等问题,逻辑上要后于有关行为正当与否的问题,即德(virtue)论、善(good)论或价值(value)论的问题要后于正当(right)理论的问题,这当然是一种义务论的观点,我们将在以后加以说明。而伦理学从传统的以人为中心走向现代的以行为为中心,从以德性、人格、价值、理想为其主要关注,走向以行为、准则、规范、义务为其主要关注,还有更深刻的社会变迁方面的原因。

我们再把这些分析用于"偷钱,为哥哥交学费"的例子,我们说,这显然不仅是一个法律的案子,也是一个道德的事件。首先,其中主要的事情——弟弟的偷钱不管是出于什么目的动机,显然是一件严重伤害到他人利益的事情,所以不仅道德要管,法律也要管,而且从它的性质来说,偷窃还作为一种破坏社会秩序的行为,一般地伤害到社会,也就是说,在某种意义上,所有的社会成员都因此受到了某种损害。因而,防范、制止和惩罚这种行为具有一种社会的重要性。所以,完全可以对之进行道德的评价,甚至这类行为要比这个案例的程度轻微得多也是要进行道德评价的。

其次,这也是被实施了的行为,如果弟弟仅仅是产生了一个偷窃的念头,或者弟弟在辗转反侧之后还是决定不偷,那么,诚然个人自我可以对之有一种反省和评价,这种个人的反省和评价在一种道德的功夫学里甚至可以占据一个很重要的地位,但一种社会的伦理学却不把它作为重要的评判对象。无数个人内心闪过的"恶念"并没有公之于众,也不必公之于众,因为他可能自己就已经把它克服了,摆脱了,所以有人笑谑:"如果要按念头治罪的话,那么几乎所有的人都要坐牢甚至枪毙了。"

但是,只要是影响到他人的行为,不仅弟弟的行为,还有像哥哥的行为、记者的行为,以及个人代表组织的行为——如警察的行为、法庭的行为,以至于对制度、政策、舆论,都是可以从道德上进行评

在天使的承诺和魔鬼的诱惑之间徘徊不定的人,善和恶之间,该何去何从?

价的。而且,对这些行为,不仅可以从外在的、结果的角度,还可以从内在的、动机的角度进行观察和道德评价。

道德评价者当然可以有一个基本的态度,有对善恶正邪的基本判断,但深入地思考许多问题,提出一些疑问可能是更重要的,尤其对一个学者来说是这样,他不仅要褒贬,更要分析和思考。例如,对弟弟的行为,我们就要考虑他为什么会这样做?为了合理的目的,是否就可以不顾及手段?"先拿了以后再还"是否可能?这样的理由是否能够成立,甚至这是否只是一个托词?如果许可别人也用这样的"目的"和"理由"做同样的事,社会会变成怎样?对警察和哥哥的行为,我们可能也会对有些具体做法质疑:形势是否到了这样紧迫和危险的时候,必须采取让哥哥骗弟弟的手段?亲情和信任毕竟是宝贵的,不仅对亲人是这样,对社会也是这样,我们在考虑尽快和尽量省力地结案的时候,是否还要考虑尽量不要伤害到人类生活和道德基础中一些可能是无形,但却宝贵的东西?这样做有时可能没有很明确的受害者,但它却会削弱人与人联系的亲情纽带。而对于法庭的行为,却可能有一个这样做是否对其他类似的案件、其他的偷窃者公平的问题,这里重要的是媒体有了披露,可能客观上还是形成了某种压力,媒体履行了自己的某种功能,但媒体在披露某些事实上是否合适也可以有疑问,有些事实是否涉及隐私,有些事实是否要考虑到对未成年人的保护等等,以及是否可以有意用媒体去影响甚至干扰司法的进一步问题(不是就事论事),最后还有对社会环境、制度政策的评价,以及对这一偷窃事件的深层原因的探讨，为什么会出现偷钱交学费的现象，这种无奈是否也有社会的某种责任，也就是说，在某种意义上，可能我们每一个人都负有某种责任。我们如何通过制度、政策来防止同样的事情发生？总之，只有通过对道德现象和问题的深入思考，我们才能推进伦理学的发展。而一件不幸的事情发生了，首先对之加以反省也是使之变成好事的一个办法。

最后，我们还可以简略地用中国古代一个基本的道德辞"仁"的音、形，来形象地说明一下上述的道德现象的两个特点。

首先，"仁"字形为"二人"，可理解为道德一定是在二人以上的关系中发生的，一定是在对他人有影响的行为中体现的，鲁滨逊独居荒岛时所做的事无所谓道德不道德，有了另一个土人"星期五"就有道德问题了。当然，是不是只对他人才发生道德问题，对其他生命以及自然界就不发生道德问题我们还可讨论，但毫无疑问，在这里我们要强调的是，道德决不是仅仅自我的事情，它一定关涉到他人，关涉到社会，道德的主题或者说最优先的内容是一种社会道德。

其次，"仁"音为"人"，对"仁"的一个基本训诂就是"仁者人也"，也就是要"人其人"，即以合乎人的身份、合乎人性、合乎人道的方式对待人。当然，究竟怎样才算做到了"人其人"自然会有诸多分歧，但这里的第一个"人"字作为一个动词，很明显是表现为一种行为。也就是说，道德不止不是仅仅自我的事，也决不是仅仅内心的事，它一定要关涉到行动、行为，要能为他人所察觉，所看见，并

汉字"仁"的历代书法体

总有人受其影响。否则,一个人内心哪怕对他人有无限的善意,或者有无限高尚和圣洁的境界,若全然不表现为行为(包括语言行为和生活方式),我们就几乎无法对之构成道德判断。道德判断首先并且主要是对行为的一种判断。

总之,要回答什么是道德,区分"道德现象"与法律、宗教、习俗、审美、明智等可从其他方面观察的种种现象,还须提出进一步的标准,最重要的标准当然就是是否涉及"善恶正邪"的内容,但我们在这里暂时只是满足于指出规范伦理学辨认道德现象的两个形式要件:首先,它一般是关涉到他人,关涉到社会的;其次,它还须是以一种外在的、实际可见的、会对他人产生影响的行为方式关涉到他人和社会的。至于和"不道德的"(immoral)一词的意义相对立的"有道德"一词的意义,它涉及伦理学的实质问题,甚至可以说规范伦理学的主旨就在于说明这个问题,这些内容我们将在以后的章节中进行探讨。

二

伦理学的性质与关联

  如果理智对人来说是神性的,那么合于理智的生活相对于人的生活来说就是神性的生活。不要相信下面的话——什么作为人就要想人的事情,作为有死的东西就要想有死的事情——而是要竭尽全力去争取不朽,在生活中去做合乎自身中最高贵部分的事情。

——亚里士多德《尼各马可伦理学》

《亚里士多德与荷马半身像》(伦勃朗,1653)

伦勃朗的这幅作品塑造了一个深具历史感的哲人形象,画面上大块的黑色吞没了主体,唯有哲人脸部三角形的区域和双臂的衣料是亮色的。伦勃朗又一次使用了他天才的光暗手法,在明暗的鲜明对比中,展现了他心目中的古代先哲烛照千古的精神之光。

本章要讨论伦理学的性质和关联,在简略回顾一下伦理学的产生和主旨之后,我们要从伦理学的内外关联,尤其是从外部区分来说明伦理学及其研究对象的性质,换言之,在上一章初步介绍了"伦理学是什么"之后,我们在这一章除了继续说明这个问题,还想大略地解释一下道德与经济、法律、宗教信仰的联系和区分,亦即也涉及"伦理学不是什么"的内容。

1 伦理学科的产生

人们对涉及善恶正邪的道德行为是不可能不有所反应和思考的,这样就会形成一些观念,但是,只有通过一种比较抽象和系统的反思,形成一些比较固定的概念,并在这些概念之间建立联系,形成语句,进行推理,最后形成某种知识系统,我们才可以说产生了一种伦理学。

在西方历史上，系统的伦理学产生于公元前5世纪到4世纪的古希腊，经历了从苏格拉底、柏拉图、亚里士多德师徒三代不断推进的过程。苏格拉底之前的哲学家主要探讨世界的起源和构成，他们关心自然界是怎么来的，他们仰望天空，俯视大地，对世界的万事万物充满好奇和惊异，能这样专一和单纯地观察和思考自然界确实是一种社会的幸运和个人的幸福。然而，到了苏格拉底生活的时代，他亲身经历了雅典兴盛的顶峰和随后的衰落，看到了雅典卷入的伯罗奔尼撒战争带来的许多道德问题，而雅典的民主制度也遇到危机。于是，哲学到了苏格拉底这里有了一个大的转向，即由天上转向人间，由自然转向社会，由主要关心世界是怎样来的，转向关心人应该往哪里去，即人应该追求什么样的生活，选择什么样的价值目标，拥有什么样的德性，以及相应的社会制度应当如何安排等等。

苏格拉底本人不倦求知，认为"知识即德性""未经反省的人生不值得活"。他一生没有什么著述，而是经常在街头与廊下和人讨论"什么是善""什么是美德""什么是正义"等问题，而他本人的行为也就是道德的杰作，他生活极其简朴，为人勇敢、大度，并表现出一种很高的道德坚定性和纯洁性，他总是坚持去做道德上正当的事情，而不管自己将面临什么样的损失。他曾经两次顶住来自政治权力的高压，拒绝执行他认为是错误的命令和压力。而他最后的死更是体现了他精神的崇高和正直，他不在法庭上妥协，不答应放弃自己追求真理的生活方式，而在法庭做出他的死刑判决之后，他也不肯逃走，不肯在于己有利时就服从法律，而在于己不利时就违抗或

二 伦理学的性质与关联 | 037

年老的尊者——苏格拉底的这幅壁画作于公元1世纪的罗马乡村,表明这位在世时为雅典所不容的思想家在罗马时代已经成为知识界的文化英雄,历史似乎总是喜欢开这样无情的玩笑。他确立了通过不断地质疑而获取真理的哲学方法;他为了捍卫自己的信念而慷慨赴死。这两点使他当之无愧地成为哲学家的群星中最璀璨的那一颗。

规避法律。他感觉自己听到了一种法律的声音,那也是道德的声音、良知的声音。苏格拉底本人的一生可以说就是一种高尚的义务伦理学的体现。

柏拉图的对话大都是以苏格拉底为主角,他除了展示苏格拉底的道德思想和风貌,又更加深入和多向地拓展了哲学、伦理学的主题,发展出自己的包括形而上学、知识论、逻辑学、政治学、伦理学在内的博大精深的哲学体系,而有关人及其道德、政治的思考在其中仍占据一个中心的位置。以他的代表作《理想国》为例,开始即提出了这样的问题,一个人应当怎样度过自己的一生,一个正义的人是否也能是一个幸福的人?而最后则归结到个人灵魂的不朽和永生幸福,中间则主要是有关个人正义与制度正义的联系、一个理想的正义国家将是怎样的、其中的主要德性如何安排等问题的探讨。

如果说苏格拉底是开启浚导伦理学之源泉者,其学生柏拉图是深化和拓展而使之成为洪流者,那么,我们可以说,随后从学于柏拉图的亚里士多德则把这些伦理学思考的源流引入一个港湾,使伦理学真正成为一个固定成型的学科。亚里士多德是系统的伦理学这门学科的创立者,他给我们留下了三本以伦理学命名的著作:《尼各

亚里士多德(Aristotle,前384—前322)是古希腊城邦哲学的一个集大成者,也是作为一种学科体系的伦理学的奠基人。他著有《形而上学》《尼各马可伦理学》《政治学》《修辞学》等诸多著作,是许多学科的开创者。他富有现实感,尊重经验,但同时,又仍保有一种哲学家志在超越的精神,是一个在有生之年以有死之身"竭尽全力去争取不朽"的杰出典范。

马可伦理学》《优代莫伦理学》和《大伦理学》。尤其是在《尼各马可伦理学》中,亚里士多德系统地阐述了一种高尚的目的论、完善论和德性论的伦理学。这是对后世社会生活影响最大的一种传统伦理学。亚里士多德认为人类的所有活动和技术都抱有某种**目的**,这目的就是他们视作**善**的东西,实现这些目的也就意味着去达到**幸福**,而善或幸福也就是合于人的**德性**的现实活动。德性又可分为两类:一是理智的德性,即哲学的沉思;一是伦理的德性,及种种在过度与不及之间的中道的行为品质。人类要努力通过实行这些德性去追求至善的目的和最大的幸福,人虽然是有死的存在,却应当去力求不朽。

这种至善论后来经由斯多葛派以及基督教哲学家例如奥古斯丁、阿奎那的发展,有了一种宗教的含义:上帝是全知、全能、全善的存在,人生是一段趋赴上帝的旅程。总之,在传统伦理学中,正当和善(目的、幸福)都是紧密联系在一起的,而且前者一般由后者来决定,即传统伦理学以人格、德性、至善为中心,而现代伦理学的主流则以行为规则、正当、正义为中心。近代康德对这后一种伦理学贡献良多,而当代哲学家罗尔斯、哈贝马斯、诺齐克等对道德的探讨也相当受其影响,他们进一步把这种诉诸合理理性的义务论伦理学推向关注现代性、关注正义的方向。在近现代西方思想史上,洛克、斯密、休谟、斯宾诺莎、卢梭、黑格尔、柏格森、杜威、罗素、麦金太尔等从不同的角度和立场都为深化和拓展伦理学做出了突出贡献,而叔本华、尼采以至萨特、福柯等思想家则让我们更清晰地看到了现代道德的困境和与传统断裂的程度,边沁、密尔、西季维克等确立的功利主义伦理学体系对现代社会生活和政治决策实际发生的影响也是相当巨大的。

在中国历史上,伦理学的产生可以孔子或儒家学派的产生为标志。社会秩序和规范在中国古代商朝含有一种较浓厚的宗教、天命的意味,在继起的周朝则经历了一种人文理性的洗礼,发展出一种富有道德和亲情特色的"礼"的秩序规范体系出来,而到了孔子生活的春秋年代,这种"礼"的秩序已面临一种"礼崩乐坏"的局面,孔子由此对人生、道德和社会问题进行了深刻的反思,尤其是对道德的主体和内在资源进行了开发,发展出一种以"仁"为中心的道德

孔子和他的弟子们。前景是一些弟子在研习正典文献;后景中,另一些弟子在练习丝弦和使用礼器。

理论和人生哲学。随后的孟子和荀子等又在内、外两个方面扩展了孔子的思想,孔子的思想渐渐成为中国传统社会的支配思想。在从汉至唐的一千多年里,董仲舒等主要在儒家伦理思想的"外王"层面富有建树;而在宋以降的近一千年里,朱熹、王阳明等则主要在儒家伦理思想的"内圣"层面卓有贡献,他们面对社会与个人问题的种种压力,在思想上则既回应佛教思想的挑战又吸收其资源,使儒家思想有了一个很大的新发展。

但是正如我们前面所说,中国的传统伦理思想虽然丰富睿智,有自己特异的成熟概念和思维方式,但它并不表现为一种现代意义上的学科形态,自从19世纪中叶中西大规模相遇和冲撞,面对新的问题和困境,使中国的传统伦理学不能不进行艰难和痛苦的转型,像梁启超等学者由此对如何使中国传统伦理进行一种适应现代社会的转化等问题进行了深入思考,而自刘师培在20世纪初写出第一本伦理学教科书起,中国伦理学向现代学科形态的转化和建设工作也有了长足的进展。

总之,无论在中国还是西方,伦理学的古代发生和近代转折可以说都受到严重的道德和社会问题的刺激,就像汤因比所说的是对挑战所做的一种"回应"。当然,反过来,伦理思想的发展又会深入持久地影响社会与个人的道德状况和面貌。而今天的中国可能还是处在一个社会的大转变期,中国伦理学的建设也还是任重而道远。

2 伦理学的性质与任务

关注伦理学的人们心里都会出现这样的问题:伦理学究竟是一门什么样的学问?它到底是用来做什么的?尤其是,我们可以对今天的伦理学抱有何种期望?它主要是用来提供一种全面的美好生活还是重点解决行为规范的问题?伦理学的思考是应当优先考虑如何达到快乐和幸福呢,还是应当优先考虑和处理那些最紧迫、最严重的不幸?我们下面就来看近一百年来几个有关伦理学的定义和对伦理学的内容与主旨的说明。

德国哲学家包尔生在19世纪末对伦理学的定义和说明还带有比较明显的传统目的论的色彩。他认为伦理学的职能和任务就是决定人生的目的(善论)、以及达到目的的手段(德论或义务论)。包尔生谈到,伦理学的目的在于解决生活中的所有问题,使生活达到最充分、最美好和最完善的发展。因此,伦理学的职能是双重的,一是决定人生的目的或至善;二是指出实现这一目的的方式或手段。前者是属于善论、或者说价值论的事情;后者是属于德论、或者说义务论的事情。前者显然更重要。

但是,在包尔生的伦理学中,显然也已经有一种向现代伦理学过渡的痕迹。他对至善的说明实际上是相当形式化的,只是相当笼统地谈到人的各方面的潜能的发展和各种生活方式的实现及各种生命意义的开拓,也就是说,在某种意义上,目的实际上相当程度上被虚化了,可能也不得不虚化。另外,包尔生认为,就像手段是服从目的一样,德性和义务论也是从属于善论的。在此包尔生还认为,用来实现完善的生活的手段并不只是一种没有独立价值的、外在的、技术的手段,而是同时构成了完善的生活内容的一部分,德性及其实行构成了完善生活的内容,因此道德生活中的一切既是手段,又是目的的一部分,是既为自身又为整体而存在的东西。德性在完善的个人那里具有绝对的价值,但就完善的生活是通过它们实现而言,它们又具有作为手段的价值。之所以强调这点,是因为确如包尔生所言,目的与手段经常是混淆的,在道德生活中区分出手段与

弗雷德里克·包尔生(Friedrich Paulsen,1846—1908),德国哲学家、教育家。1878年起任柏林大学教授直至去世,思想上属康德派,是当时所谓形而上学泛心论的代表。

目的有时候是很困难的,因此做出此类判断时是需要我们的审慎心态的。

包尔生的这一伦理学观点基本上还是属于亚里士多德传统的一种自我实现论(或完善论、美德论),古希腊的伦理规范、道德义务是紧密地与人生目的、价值追求、幸福和完善结合在一起的。那自然是一个令人怀念的时期,这一传统也是源远流长,在现代伦理学家如麦金太尔那里,我们也不断看到对它的向往。但是,在近代以来的社会中所发生的一个深刻变化正如罗尔斯所言:我们今天不能再把人们歧异的价值追求、对于人的生活目标乃至终极关切的不同理解看做反常或暂时、有待整合和统一的现象了,而是从此以后就应当把某种价值观念的分离看做持久和正常的状态了。由此,现代人也就不容易再指望一个紧密结合宗教信仰和伦理学、或人生哲学与伦理学的统一体系,而如果我们也不想陷入道德相对主义乃至虚无主义的话,我们就必须在别处寻求可能的共识。

美国哲学家梯利比较笼统地说伦理学可以大致定义为有关善恶、义务、道德原则、道德评价和道德行为的科学。但西季维克说他宁愿将伦理学称之为一种研究而不是一门科学,他把伦理学分为对行为准则的研究和对人的终极目的、真正的善的研究两个方面,这一划分与包尔生比较接近,但与包尔生不同的是,他不再是强调后者而是强调前者,他认为,一般说来,前者在现代伦理思想中更突出,更易被应用于现代伦理学体系。因为在某种程度上,伦理学所研究的善只限于人的努力所能获得的善。终极善的观念对于确定什么是正当行为并不必然是根本的。除非认为正当行为本身是人的唯一终极善。因此，西季维克把伦理学主要看做是有关正当（right）或应当（ought）的研究。

摩尔也认为伦理学的任务是讨论有关正当、人们的行为和品性的问题，并且要提出理由来。但他的思想关注更倾向于一种价值论而非义务论，认为怎样给"善"下定义，是全部伦理学中的根本问题。他认为"善"是一种单纯自明的性质，我们只能像直觉颜色一样去直觉它，因此他批评那种用非道德的事物、用非道德的目的去说明和解释它的"自然主义谬误"。后来的普里查德、罗斯等则认为正当、应当是伦理学中的中心概念。普里查德试图规定一种规范伦理学的自律性，即一种义务论的伦理学。他认为对于我们应该做什么的问题要求理由是一个错误的企图，在一个人是否具有道德义务或责任去履行某种行为这一问题上，根本不可能找出什么理由，对于责任的考虑不可能化约为任何其他考虑。比如说有人用对一个人有好处来解释他为什么应当做某件事情，但是一个人的好处是与他的欲望和爱好相关，这种个体的欲望或爱好与道德责任显然是不同的，道德责任的履行恰是对人们爱好的抑制和强制。这里的要义是责任是不可推知也不可推卸的，而只能如摩尔直觉"善"那样去直觉"义务"。

罗斯的理论本质上与普里查德的没有区别，但是为了解决义务之间的冲突问题，他提出了"显见义务"（prima facie duties）与"实际义务"这两个概念。一个行为，如果趋向于成为一种义务又不必然是某人实际的或完全充分的义务,如果它作为该行为总性质的某一组成部分的结果而发生,那么履行它就是一种"**显见义务**",如遵守诺言和讲真话就是"显见义务"。但是这类行为的总性质却可能是这样的,即履行它并不是某人的"实际义务",如在某种特定的情形中,由于讲真话会伤害到某些无辜的人,那么讲真话就不能构成该行为者的"实际义务"。即"**实际义务**"是取决于一个行为的总的性质,而"**显见义务**"只取决于该行为总性质中的某一显著部分。

一个较流行的有关现代伦理学性质和主旨的说明是由弗兰克纳提供的。在他看来,伦理学的首要任务,是提供一种规范理论的一般框架,借以回答何为正当或应当做什么的问题。他指出,一方面道德是一种社会产物,而不仅仅是个人用于指导自己的一种发现或发明。另一方面,在作为支配个人与他人关系的体系意义上,道德又不是社会性的,因为这一种体系完全可能是个人性质的。但如果我们从一个较大范围去考察,道德就是社会性的,而且从道德的起源、制约力和功能方面看,它也是社会性的。它是整个社会的契约,用以指导个人和较小的集团,虽然总是个人先遇到它,但是这些要求至少最初总是外在于他们的,即使这些要求内在化为个人的要求,要求本身仍然不仅仅是他们自己的,也不仅仅指导他们自己的。鉴于此,道德有时也被定义为社会整体的契约。道德虽然鼓励甚至要求运用理性和某种个人的自决,但总的说,道德还是指在自己的社会成员中促进理性的自我指导或决定的一种社会规范体系。

每个人对伦理学的理解自然可以见仁见智,对伦理学的期望也可以有高有低，但是作为一种主要被理解为社会体系的伦理学，我们可以说其主旨还是集中于行为规范，它主要或优先应关注使那些较严重的不幸不致发生。而现代伦理学的期望显然也不再像古代那样豪迈和全面，而变得比较小心谨慎。

3　伦理学的内部划分与外部关联

对于上面所讨论的伦理学的内容与主旨，我们还可以从另一角度观察，即从传统伦理学与现代伦理学的区别来谈伦理学的内容与类型。传统伦理学要比现代伦理学包括的范围广泛，它会考虑人的全部理想、最高可能达到什么，能成为什么样的人，还考虑上面所说的生命意义和终极关怀，而现代伦理学则主要是考虑人的行为和行为准则，考虑与社会、与他人有关的那部分伦理。当然我们也可以从整个伦理学的历史着眼，说前者是一种包括了人生哲学乃至宗教学说的广义伦理学，后者则是狭义的伦理学、或者说是包括探讨社会正义和个人义务的社会伦理学，并可以认为正是后者构成伦理学的主干部分。

人们研究伦理的方法、角度和重点可以有种种不同，从而使人们理解或强调的伦理学的形态也有种种不同，主要以描述方法研究伦理学的可以叫做**描述伦理学**或者说"**伦理志**"，这可以是历史的描述，如各种道德史、风俗史，也可以是现实的描述，如某些社会道德状况的调查报告；可以是外在的描述，如道德社会系统的著作，也可以是内在的描述，如道德心理学的著作。它们的目的旨在如实地呈现人们现实或历史的、内在或外在的，或者说综合的道德状况是什么样子。

主要从语言和逻辑的角度、以分析的方法研究伦理的是**元伦理学**，它在道德劝诫上也是相对中立的，它的目的也主要是求真，但不是求历史现实生活的现象之真，而是求人们使用的道德逻辑语言之真；主要研究伦理学规范的来源、内容和根据，并且旨在影响人们的生活和行为的理论则是**规范伦理学**，它一般构成伦理学的主体，因为，严格说来，现象描述和语言分析也是围绕着伦理规范的，乃至道德相对主义、道德虚无主义也是锋芒直指伦理规范。规范伦理学是传统伦理学的主流，但近年来，它也遭到元伦理学以及相对主义的严重挑战。有些人只从一个方面来研究伦理，但也有许多学者是综合上述几个方面来研究伦理。而从规范伦理学中又可以分出**应用伦理学**，尤其在近一些年，应用伦理学有长足的发展。也就是说，伦理学可分为规范伦理学和非规范伦理学两大类：规范伦理学包括一般的规范伦理学原理和应用伦理学；非规范伦理学包括描述伦理学和元伦理学。

我们现在这里主要想谈谈元伦理学。现在中文中被译为"元伦理学"的词在英文中是"meta-ethics"，我们可以把它与形而上学（meta-physics）对照，"meta"这一前缀有"在……之后""在……之上"的意思，所以，有人也曾把"meta-ethics"译为"后设伦理学"，而按照形而上学(也是在物理学之后)的译法,或许还可译为"伦而上学"——这当然只是帮助我们理解,并不真的要如此改译。总之,正像"形而上学"最初是要对物理(世界万事万物之理)进行反省,"伦而上学"(元伦理学)也是要对伦理(人伦之理)进行反省,要反省这些道理后面的根据和意义。但从思想的秩序上说,这种反省又可以说是在前的,优先的或根本的。这大概就是把"meta-ethics"理解为"元伦理学"的一个理由。不过,20世纪上半叶兴起的元伦理学与传统的形而上学不同的地方在于:元伦理学并不像形而上学一样要提供世界的有关真善美的全面的、本质的解释,而只是要从真的角度,即从可靠性、确实性的角度对我们使用的伦理概念和道德语句进行仔细的推敲和验证。

元伦理学在20世纪前六十多年的英美伦理学界占据主导地位。元伦理学的工作主要分为两个方面:一是探讨伦理学基本概念及一些重要的相关词的意义;二是考察道德推理的逻辑和伦理规范的证明。我们也许还可以说,在20世纪前30年中,有关意义的解释更多地占据英美伦理学家的头脑,而在后30年中,他们则更多地是考虑有关论证和理由的问题。

元伦理学中最早兴盛的是直觉主义,直觉主义认为对于"什么是善"(穆尔)、"什么是正当、应当"(罗斯、普里查德)等道德词,就像我们对颜色一样只能直接地去感知它和把握它一样,对这些最重要的道德概念,我们却无法对它们下定义,无法用其他非道德的自然事实来界说它们、定义它们。穆尔认为以往的伦理学都犯了一种

"自然主义的谬误"——以自然的事实来定义道德价值,道德的善,而普里查德也认为以往的道德哲学都停留在一个谬误之上——以为道德义务和责任都基于某种理由,而这种理由实际也就是某种非道德的"好处"(goodness)。这样,伦理学的大部分理论,例如快乐主义、完善论、功利主义、利己主义、各种形而上学和宗教的道德论,都要被认为是犯了类似的错误。

直觉主义在知识论上打动人的一种力量在于:它谨慎地停留在某种确实性的范围之内,不想"强为解人",不想去解释在它看来人类力不胜任的东西,它认为,重要的是我们直接感觉到了那善和义务,能够履行它们,这也就够了。道德的性质是客观的,但我们只能直接地把握这种性质。而直觉主义在道德论上打动人的力量则在于,它想说的实际是:道德就是道德,义务就是义务,责任就是责任,善就是善。面对它我们实际已经可以感受到一种巨大的力量,它们是纯粹的、单一的,不可以混杂的。在此一个恰当的比喻其实可以引自康德"头上的星空"和"心中的道德律"的类比:我们就像直接看到星空并由此产生敬重感一样,我们也直接感受到心中的道德律并产生一种敬重之情。所以元伦理学中的直觉主义与规范伦理学中的义务论确实有较紧密的联系。

直觉主义的弱点是它不容易解释和传递,是不是所有的人都能如此(或如此鲜明地像看见星空或颜色)一样感受到道德的价值和义务?是不是还有道德的色盲乃至完全的盲人?你又如何说服他们呢?如何向他们展示你所看到的东西及其在你心里引起的感觉和分量呢？总之，单纯的直觉主义也容易遇到问题，容易被限制在一种直接性中而无法展开。

继直觉主义而起的是情感主义。它否认人们能认识道德——无论是通过由事实引出价值和义务的自然主义解释，还是通过非定义的直觉主义。情感主义认为人们在道德判断后面所表达的是一种情感或态度，是试图通过劝导、说服、褒贬影响其他人也如此做。显然，情感主义容易走入主观主义和相对主义，随后的一些不满意情感主义、也不满意直觉主义的伦理学家试图重新肯定理性在伦理学中的地位，他们提出了诸如"充分理由理论""道德观点""普遍规约主义"等观点。元伦理学的探讨比较多元化了，而不再是被一种倾向所支配。

元伦理学的意义在于：它们虽然一般并不直接提出或论证某些道德原则或规范，但它却能帮助我们澄清我们所使用的道德概念的含义和道德思考的逻辑，培养我们对道德语言的敏感和审慎分析的习惯。所以，它仍然能有助于我们合理地做出生活和实践中的道德抉择。而更主要的还在于：它还有助于我们拒斥那种用虚假的"理由"来煽起一种"道德或政治狂热"的理论。

在伦理学与其他学科的外部联系方面，伦理学与哲学的联系当然最为紧密，甚至它一般就被包括在哲学之中，是哲学的一部分，如古代希腊的哲学就分做三科：自然学、伦理学和逻辑学。伦理学作为一种道德哲学、实践哲学，在整个哲学中占有很重要的地位，所以，当我们把伦理学和哲学区分开来，说到伦理学与哲学的联系时，主要是指它与哲学中的形而上学、本体论、认识论、逻辑学、语言哲学以至宗教、神学的关系。它们在历史和逻辑上实际都有一种紧密的共生关系,例如,现代元伦理学对逻辑和语言哲学的依赖是不言而喻的。但由于前面说到的理由,现代伦理学与其说是强调两者之间的联系,不如说是更强调两者的区分,它尤其是拒斥形而上学和本体论,与宗教和人生哲学也趋于分离。

伦理学与其他人文学科如文学、历史、艺术、人类学、心理学等也有较紧密的关系,尤其作为从内外两方面对道德现象进行描述性研究的道德史、伦理志、道德心理学来说,对人类学和心理学的材料是相当依赖的,而文学和史学更始终都是伦理学的宝贵资源。文学家常常能更敏锐地感觉和提出时代的道德问题,同时也提供丰富的材料,保留道德现象原本的生动性、完整性和复杂性。我们只要想想例如陀斯妥耶夫斯基、托尔斯泰、卡夫卡所提出的问题,甚至仅就其深刻性而言也是哲学家所难于企及的。同样,史学家也提供了许多丰富的可供我们进行道德思考的材料和问题,例如古希腊修昔底德的《伯罗奔尼撒战争史》、中国的《左传》等都相当充分地展现了古人的道德面貌。

伦理学与社会科学诸学科如政治学、经济学、法学、社会学也关系紧密,尤其是在研究社会正义的方面。由于伦理学越来越多地倾向于关注社会伦理而非个人伦理的内容,所以,它必须吸收这些学科的知识,而这些学科碰到的伦理问题也使这些领域的学者不能不关注道德,以致我们有时难于区分有些学者主要是伦理学家还是政

因犯下弑父娶母的罪行而刺瞎自己双眼、自我放逐的俄狄浦斯（Bénigne Gagneraux 绘）。

古希腊悲剧作家索福克勒斯的《俄狄浦斯王》将主人公置于一种极端的伦理困境中——在毫不知情的情况下杀父娶母，从而展示了人的意志和命运的尖锐冲突。在古希腊悲剧中，命运是一种无法逆转的、凶险叵测的力量，正是因为这种不可知力量的存在，存在的悲剧性意味才愈显浓厚。俄狄浦斯无意中犯下了可怕的罪行，获悉真相后毅然承担起道德和法律的后果，刺瞎自己双眼、自我放逐，在他身上，人性的欠缺、脆弱和人性的高贵都得以彰显。

治学家或经济学家。

而随着伦理学的视野近年越来越扩展到关注自然环境、关注一般意义上的生命——不仅人的生命,也包括动植物的生命,以及应用领域中的长足发展,伦理学与自然科学诸学科如生命科学、环境科学、医学、农业科学、计算机科学的联系也日趋紧密。伦理学正越来越成为一种很适合于把人文、自然和社会科学诸学科联系和贯通起来、以应对各民族和全人类面临的各种棘手问题的学科。

限于篇幅,我们下面将从问题与现象出发,只介绍伦理学的研究对象——道德与几门关系与它最紧密、但也最需要区分的学科对象之间的关系。

4 道德与经济

"发展经济"看来已成为现代社会无论个人还是国家的中心关注和追求,中国也不例外,随着全球化的扩展,以及中国的加入世界贸易组织,更是加快了这一步伐。优秀的人才大都涌向经济领域,成功的标志常常是以财富为标志,而经济学也成为最大的显学。道德与经济的关系成为伦理学所不可回避的问题。

人们在这种关系中比较关注的一个问题是:道德与经济究竟是互相补充、促进还是互相妨碍、冲突? 或者说,两者是存在一种正相关还是负相关? 这里需要分析而不能笼统地下结论,因为两种相关都是存在的,关键是看在什么样的情况和条件之下。一个社会道德的状况是推进还是阻碍经济的发展,这就要看这个社会的道德水准和经济的水平及二者之间微妙的关系而定。例如,许多学者已经指出了中国的道德诚信水准已经大大影响到企业的信誉和个人的信用,从而妨碍了经济的发展。道德对经济的影响和约束我们也许可以通俗地从两个方面来把握:一是怎样挣钱?一是怎样花钱?怎样挣钱涉及钱的来路的正当性问题,涉及和他人利益的分配以致冲突,在这方面有必要建立具有某种强制性的、恰当的道德规范加以约束,像如何防止欺诈行为等等;怎样花钱则主要涉及个人的价值观念,涉及他重视什么,他是不是只追求物质的快乐等等,在这方面有必要诉诸某些合理、富有意义的价值观念进行引导,像如何鼓励投资文化教育事业等等。

但我们现在在这里主要想关注一下问题的另一面:即经济对道德的影响,经济发展是否会带来道德进步?

市场经济中与道德相关的因素主要有两个方面:一是其参与者追求利益、追求利润的目的、动机和欲望;一是其实现这一目的的手段,这一手段简单地说就是竞争,即不同生产者、不同销售者之间的竞争。我们可以再把道德规范体系区分为两个层面:一个层面是人们很容易看到的公共生活中的行为规则,尤其是礼仪、礼貌、社交惯例和习俗等等;另一个层面则是要往较深处观察才能发现的这一社会的基本道德原则和主要规范,这些原则规范构成这一社会的道德的主体。

纠结于善念和恶念之间的商人。

那么,经济发展是否能自然而然地对道德产生积极的影响?我们首先看市场经济发展的目的动机,这种动机本身是一种追求利益最大化的动机,它的两个特点是:一是它的无穷扩大、难以满足的性质,一是它的互相冲突、难以兼顾的倾向。因此,我们就不能指望它自己突然发生一种大转变,即人们突然由求利变为求德。另外,再看市场经济发展的手段和方式。这一手段主要是自由的竞争,即便在最好的法律保障和规则最健全的情况下,贯穿市场经济的活动也主要还是竞争,而不会是统筹的安排、有意的关怀、合作和礼让。这种竞争常常是很无情、甚至很残酷的。这种竞争也容易诱发人们以某些不正当的手段去争取竞争的胜利。所以,无论市场经济的动机还是手段，在道德上都是中性的，它是否符合道德要依它朝着什么样的方向、以及是否遵循一定的规则及这些规则的性质而定。

在这样的情况下，市场经济的发展对道德还是会产生一些积极的影响。首先，经济的繁荣将促进公共生活中某些直接与物质生活水平有关的规范得到改善，如由于交通工具的充分提供和享有，人们可能将不必再去挤车、夹塞或倒腾车票。但这些直接得到经济发展促进的规范只占社会道德规范体系中较小的一部分，也是较表面的属于公共礼仪的一部分。其次，经济发展可以确保温饱，乃至提供一种体面的、像样的生活，从而撤去有可能威胁道德甚至造成道德与社会生活崩溃的直接生存压力。再次，经济发展可以带来国家实力的增加，从而有可能因此促进政体的改善，以及给人们带来从事各种精神文化活动的物质条件及闲暇等，但是，是否人们将以这些条件和闲暇从事高尚有益的活动，以及是否人们将真的能促成政体的改善也还需要一些别的条件。

市场经济对于道德的消极影响的一面是：第一，参与者的动机一般来说并不是道德的（当然也不是不道德的），而是道德上中性的，是对物质利益的追求，而这种利欲有一种无限发展和相互冲突的倾向，这些倾向将很可能带来道德问题乃至道德危机。第二，在市场上的激烈竞争中，若不建立一套公正的竞争规则并使竞争者普遍养成遵守它的习惯，就可能是灾难性的，使欲海"冲决""横溢"而非"顺流"。

当然，这只是客观地描述经济发展自然而然将对道德产生的影响,只是描述如果人们不去注意人文和道德的建设而只致力于经济发展,自然而然将会得到什么。然而,如果把人们的道德意志、理性、感情的因素加进去,就有可能不仅使经济发展在道德的积极影响中扩大,也使其消极的影响得到调节,缓和乃至相当程度上的化解。

总之,在一个基本的生存条件的范围内,我们也许可以说经济和道德是互为条件和基础的:没有起码的经济发展和相应的物质生活水平,一种普遍的社会伦理将不可能建立或达到一个基本的水准;而没有一种起码的社会道德水准和相应的信任与合作关系,经济和物质的生活也不能顺利地发展,甚至有可能陷入崩溃。而如果超出这一范围,则道德和精神价值则应起一种更为主导的作用,因为人毕竟不是经济动物,人是应当高于温饱的。

5 道德与法律

道德和法律同样作为对人们行为和生活的一种规范和约束,它们的关系是很接近的。而且,我们要说,它们在现代社会的联系比在传统社会还要更为接近。

首先,道德规范与法律规范有相当大的重合,许多规范不仅是道德规范还是法律规范。例如,"不可杀人""不可盗窃"。但是,像"不可说谎",却要做出一些区分。法律只禁止那些造成了对他人较严重的伤害的说谎。而从原则上说,道德是反对所有的谎言的。这就显示出道德与法律的差别。法律规范的范围要比道德规范的范围狭窄,它只把那些严重损害他人利益或人身、或者一般地损害到社会的行为纳入自己的考虑范围。

而这一差别也是和它们的不同制裁手段相适应的。法律是使用了强制的手段来"令行禁止"——而尤其是禁止。法律很少有"赏"法,而道德则主要是通过内心信念、社会舆论来起作用。你也由此可以说法律是一种"硬约束",道德是一种"软约束"。前一种约束是直接的、刚硬的,立竿见影的。后一种约束则看来是间接的,较温和的,但也是长久的。

很难断然地说对人的影响是道德的力量大还是法律的力量大,但这两种力量显然是可以互相支持的。法律要得到有效遵守除了有赖于制裁的机制和人们的法律观念,也有赖于人们的道德意识。法律要从根本上得到人们的尊重而不只是畏惧,它就必须符合人们的道德信念,符合人们有关何为正当的理念。而且法律的变革也常常是根据人们调整了的道德观念。在这些意义上,我们可以说法律的根基是道德或者说是一种"自然法",而道德却不以成文法为转移。但对于那些不及时制止就可能迅速蔓延开来的恶行,仅使用道德力量显然是不够和迟缓的。所以,社会不仅要在道德和法律上分别用力,更要在一种道德与法律的结合上用力。一种旨在保护人和公民的基本权利的宪政和法治,本身就具有一种道德性。而一种恰当的权利与正义观念,它也不可遏止地要变为一种法治。

法律规范一般是否定性的,而道德规范则还有比较积极的一面。比如说,法律可以惩罚那在街头打人杀人者,但对那种在旁围观而未采取积极营救措施的人群,法律却不可能去惩罚他们,但这些人却会受到道德的谴责。因为,一种人们承认的道德义务还含有比法律更多的内容——在同胞需要得到正义的援助时必须援助,至少在自己不会严重受损的情况下必须这样做。另外,如前所述,许多重要性较低的行为,如公共场合的失礼,轻微的说谎,甚至较轻微

(胡雯绘)

据《重庆商报》报道,重庆一位30多岁的妇女站在13层楼上欲跳楼,僵持了两个小时后,被警察和消防人员救下。其间,楼下有围观市民面带笑容调侃,"怎么还不跳?"这样冷漠和无聊的看客心理背后是对生命价值和尊严的轻视,法律也许对他们无能为力,但代表道德风向的社会舆论却应予以严厉地谴责。

的小偷小摸等等,不受法律的制裁,但却要纳入道德的调节范围。最后,法律除了区分蓄意犯罪还是过失犯罪(如杀人)外,一般不会管犯罪动机,也不深究这种行为的社会背景和环境原因,它只专注于行为及其后果本身,而道德却要考虑到这种内在动机和社会背景。因此,对有的案件,会出现法律判决与社会舆论背离的情况。

总之,如果我们说"法律是最低限度的道德",可能最容易同时显示出法律与道德的重合与区分。从社会变迁的眼光来看,现代社会的道德几乎可以说是一种"最低限度的道德",亦即一种"底线伦理",而法律则可以说是这种"底线伦理的底线"。

我们再略说一下道德与政治的关系。政治比法律的含义更广泛。法律必定是政治的,而政治却不必是法律的,更不一定是法治的。政治可能和一种人治,和一种意识形态结合在一起,这样,作为个人的统治者可能更迭或自然死亡,而意识形态也会发生变化甚至出现危机。而道德的一个基本核心却是超越时代和各种类型的社会的,它的一部分主要规范的内容,也不会依个人或团体意志为转移的。所以,从内容上说,道德比政治更普遍,更长久,把道德与政治加以区分也就很有必要。抱有宏伟的道德目标的人们,有时能充分地利用政治这一最有力的杠杆,但也可能被其所累。当政治上出现变化,遇到危机,本该不受影响的道德却也可能因此受到破坏。因此,我们可能要在赞成一种道德与法治趋同的同时,却主张道德与政治保持某种距离。

6　道德与宗教

道德规范与宗教规范的内容亦多有重合,如《圣经》中的"摩西十诫",除了前3条——不可信仰别的神,不可亵渎上帝之名,要守安息日是纯宗教的规范外,其他诸条:(4) 孝敬父母;(5) 不可杀人;(6) 不可奸淫;(7) 不要偷盗;(8) 不可做伪证陷害他人;(9) 不可贪恋别人的配偶;(10) 不可贪恋别人的财物,这些都是道德的规范,最后两条还是更严格的内心的规范。其他像佛教、伊斯兰教等重要宗教也都包含了勿杀、勿奸、勿盗、勿说谎这些道德内容。甚至道德就融合在许多文明的宗教之中,使人们以宗教为标志来指称它们的道德:像西方中世纪的基督教道德,阿拉伯世界的伊斯兰教道德等。

宗教中的超越存在(上帝、真主)作为一种人们心灵信仰的对象,以及其中包含的天堂地狱、因果报应等内容,能够给道德以一种强大的支持。它不仅指向行为,也指向内心;不仅管此世,也管来世;不仅管地上,也管天上。这种超越的力量是道德和法律所不能及的。但这一切都建立在一个"信"的基础之上。随着近代西方人的信仰出现危机,随着政教分离,道德与宗教也拉开了距离,但由于过去道德与宗教曾经联系得如此紧密,以致发生过"上帝死了,是否一切行为(包括不道德行为)都可允许?"的精神疑问。现在的许多

《浪子回头》(局部)(伦勃朗,1668)

"浪子回头"的典故本出自《新约圣经·路加福音》,讲述一个年轻人在挥霍浪费了从父亲那里继承的财富后,穷困潦倒,又回到家中的故事。耶稣以"浪子"比喻那些离弃真理,为世间种种享乐所诱惑的罪人,而张开双臂欢迎他回归的则是慈爱的天父。伦勃朗以世俗的场景演绎了圣经的故事,迷途者的悔愧之情、近于失明的老父的慈爱表情,使画面具有一种哀伤、动人的力量。老父身上那种人性的道德感召力和神性的光芒似乎合而为一。

学者一般都倾向于认为道德并不必定要以宗教为基础,或者说宗教并不是道德的唯一基础。而这一点看来也为其他文明,如中华文明的历史经验所证明。

但是,一个社会的道德并不一定要以宗教为唯一基础,尤其是不一定要以某一种宗教为唯一基础,这并不意味着要拒斥宗教对道德的支持,甚至并不意味着就拒斥某一种宗教在一部分人那里确实成为道德的唯一精神基础——只要这是出于他个人的自愿选择。在一个保障公民信仰和良心自由的社会里,一个人究竟以何种精神信念支持他的道德行为是不能强制和干预的。法律规范的只是人的行为而不是思想。我们不能通过政治的权力来强行建立或推广某种道德,也不能通过权力来强制人建立或放弃某种精神信仰——只要这种信仰并不导致违法的行为。正像我们前面说到道德是道德的事情,政治是政治的事情一样,精神信仰也同样是精神信仰的事情,这三者各有自己活动的范围和界限,它们之间可以互相支持、补充却不可以互相替代或僭越地压制。

三

道德判断的根据

无论如何,仅仅在逻辑的真理和定义上建立一种实质性的正义论显然是不可能的。对道德概念的分析和演绎(不管传统上怎样理解)是一个太薄弱的基础。必须允许道德哲学如其所愿地应用可能的假定和普遍的事实。

——罗尔斯《正义论》

《基督被恶魔诱惑》(Félix Joseph Barrias)

在西方历史和文化中,基督代表了善的力量,而撒旦作为对立面,永远地被打上了恶的印记。区分善恶、扬善避恶,或许是人一生要做的功课,也是伦理学的经典命题。

三　道德判断的根据

我们说伦理学是有关人们行为品性的"善恶正邪"的学问。在人们的道德生活和实践中，总是会包含着判断，道德判断就贯穿在我们所有的道德行为之中，而一切规范伦理学总是会希望对人们的生活实践产生某种影响，会尝试做一些"区分善恶"或"扶正祛邪"的工作，这种工作就是通过道德判断来进行。

所谓"善恶正邪"，也就是对人们行为、品性和事物性质的判断。这也就是道德判断。其中"善恶"是就德性和物性的"好坏"的价值而言；"正邪"是就行为的义务，即行为的正当与不正当、或应当与不应当而言。

分析这种判断语句的语言含义和逻辑关联，即主要分析其形式，是元伦理学的主要任务；而试图分析其内容，试图实质性地回答究竟什么行为是正当的，人们应当如何去做某些事才算正当，以及什么品性是好的、值得赞扬的，什么事物是有价值的、良善的等等，则是规范伦理学的主要任务。

我们下面就从一个道德选择的例证开始,来探讨道德判断的性质、分类和根据的问题,并分述作为判断根据的几种主要的伦理学理论。这将是从实质性的、即从规范伦理学而不是从元伦理学的角度来展示对"什么是有道德的"的问题的各种回答。

1 一个道德选择的例证

在这一节里,我们想通过一个道德选择的虚拟例证,来展示道德判断的根据。有一次,在一所大学的伦理学课堂上,讲课的老师引用了这个例证,来试图让同学们在选择各种逃生方案中发现自己实际所持的道德准则,并试着通过对这些准则的分析,说明道德评价和选择的不同根据。这一例证如下:

> 有一艘航船在海上遇险,很快就要沉没,船上载有12人,但只有一艘至多能乘6人的救生艇。这12人是:72岁的医生、患绝症的小女孩、船长、妓女、精通航海的劳改犯、弱智的男孩、青年模范工人、天主教神父、贪污的国家干部、企业经理、新近暴发的个体户、你自己。
>
> 现在请你选择能上艇逃生的6人,并说明你的选择标准是什么。

老师首先向大家说明,在选择的环境和对象方面,我们只能在这些给定的条件下选择:第一,我们不可能改变这种处境,不可能设想比如说是否船还有救,或救生艇上挤挤是否再能多载几人,并且你做出的这一选择将是有效的,即得到大家的服从。第二,我们不知道各个人更多更具体的情况,亦即在某种意义上,除了已知情况,我们是处在某种"无知之幕"的背后,但我们可以就根据这些情况,并依据一般对人性与生活的知识和对道德的常识性了解,查看自己内心赞成的道德标准来进行选择。

在涉及选择方案的方面,也有两个限制条件:第一,我们这里不采用随机和偶然的、比方说抽签的办法——虽然这种办法在某些特殊情况下也不失为一种"没有办法的办法",且并非就没有某种作为形式的机会均等原则的公正性。但是,在此我们必须进行选择,以逼出我们平时可能是深藏在自己心里的道德选择依据。第二,我们也不考虑那种不予选择的"选择",也就是放任自流,那实际上是让"适者生存"的丛林规则起作用。

课堂的讨论相当活跃,发言者各自提出了自己的选择方案及理由,并不时有热烈的辩驳。最后统计这些选择方案的结果,被选择上艇者得票的次序依次是:

精通航海的劳改犯:10票;

你自己:10票;

医生:9票;

船长:8票;

妓女:8票;

青年模范工人:8票;

弱智的男孩:7票;

患绝症的小女孩:7票;

新近暴发的个体户:7票;

天主教神父:4票;

企业经理:4票;

贪污的国家干部:1票。

综合分析大家提出的标准和理由,老师从中大致概括出以下一些选择原则,并进行了简略的评论:

1. 生存原则。应该看到我们这里都是在谈救生。所以说,在所有选择原则之后,实际还蕴涵着一个更根本的原则:即保存和尊重生命的原则,按照这一原则,每一个人的生命都应该受到尊重,如果情况允许,所有12个人的生命都应该抢救,尊重和保全生命是一个义务的绝对命令,也是道德的首要原则。问题是在只能救一半人的情况下,我们应当救哪一些人?我们不得不面临一个痛苦的抉择,必须舍弃一部分人的生命而让另一部分人有生还的可能。这也就是义务的冲突。我们这里不考虑那种比方说出于某种宗教信念或亲情观念大家选择宁愿一起死而不是一些人生还的情况,而是只要能救出一人就要救出一人。

2. 生存可能性原则。要生存还必须考虑到生存的可能性,首先是即将开始的海上漂流生还的可能性。这有可能是"精通航海的劳改犯"似乎出人意外地得票最高的主要原因,就因为他"精通航海"。也有人因同样的原因考虑到选择船长,但依据一般的判断,船长可能更愿意、甚至有某种责任最后离开他驾驶的船只,乃至与之"同归于尽"。而在海上的漂流看来必须选择一个懂航海的人。同样,医生也大致是由于这个原因得票较高。还有的同学选择青年工人也是出于这种考虑,医生的医疗技术和青年工人的体力都是海上漂流所需要的。我们这里要注意,这个原则与其说是一个目的论原则,不如说仍然是一个义务论原则,因为它是附属于生存原则的。

3. 自我优先原则。在此"自己"是最明确的,又是最不明确的。在此,选择者也许会把现在的自己带入进来。选择"自己"可能是因为某些具体的情况:或者考虑我会在艇上发挥较大的作用,或者认为自己在获救之后的长远未来会对社会做出较大的贡献。或者说是出于一般的利己主义原则,像有的发言者所说:"毋庸讳言,每个人首先要救自己。"但这里至少有一个自身作为选择者的困难。如果不是你选择,也许你会暗自或在潜意识中希望自己被选择,甚至在抱着自我牺牲的意愿的情况下都有可能如此,这样你的放弃就更有一种说服、示范或甘愿牺牲的分量。但问题是你被推上了选择的位置,你承担起了一种责任,你如果自己选择了自己,将使自己置于何地?如此选择将要使自己承受一种解释的隐秘负担,并必须接受别人同样的选择——后面的历程可能还会有同样的选择。而且,利己主义是否能够成为一个普遍的选择原则也是个问题。但由于这里实际上有一个缓冲,因为除了自己还可以选择 5 人,于是还可以运用其他的原则。如果只能选择 1 人,那自己与他人的矛盾就非常尖锐了。

4. 妇女儿童优先的原则。尽管此例中属于"妇女儿童"的三个人都被设计加上了负面的因素:"绝症""弱智"和"妓女",但还是得票颇高,这说明如果没有这些负面因素,他们得票更高或最高大概不会有疑义。这一原则也是"泰坦尼克号"等许多失事船只实际上采取的原则。这一原则显然是义务论的原则而不是效果论的原则,即主要不是考虑效果而是考虑义务,因为这几个人不仅在海上的逃生中不会起大作用,在未来的长远岁月中大概也不会做出很大的贡献,而那"患绝症的女孩"还可能很快死去。这是不是一种弱者优先的原则?为什么柔弱的生命在此反而显出了一种强势?为什么要特别保护孩子和妇女?为什么弱者、尤其孩子的生命反而更值得重视?这仅仅是因为他们小,他们能活得更长吗?而那女孩的生命并不会很久,但我们为什么仍不忍心一个孩子在自然丧失生命之前就被人为地抛弃?不忍心看到他们的绝望或听到他们的哭声?甚至不忍心那个茫然无知、可能并不会为此太难受的"弱智的男孩"的被抛弃?这里起作用的是不是除了设身处地、将心比心,还有一种根本的怜悯之心和同情?另外是不是还涉及做人资格的问题,以及是否还有一种神圣的约束或威慑:如此抛弃一个孩子的人,也会被神抛弃或神人共弃。另外,选择者也许还考虑到了原则的意义,作为原则,是不考虑具体情况的,而一般情况下,妇女儿童优先的原则也不会说总是碰到这样都有负面因素的特殊情况,在大多数时候恰恰是不会这样的,所以,比考虑具体情况更重要的是坚定不移地维护一般原则,原则不能被轻易破坏。

5. 最大功利或快乐原则。亦即救出那些人对未来的社会贡献会最大,给社会带来最大的幸福和快乐。许多选择自己的人认为自己今后能对社会做出较大的贡献,从而为人类创造更大的幸福。投给"企业经理"的票也多是由于"贡献"这个原因。另外,这个原则还可以有一种负面的表述:即最少损失或最小痛苦原则。有几个同学正是因为这一点排除天主教神父,认为他对死亡不会感到太痛苦,而投票赞成他上艇的理由则是认为他能在精神上安慰别人,这尤其在海上漂流时很重要。

6. 平均功利或公平的快乐幸福原则(或补偿原则)。如有的同学主张让新近暴发的个体户、年纪轻的人入选,而让经理、贪污的国家干部、老医生落选。其理由是大家要"轮着享福"。所以让以前享受过的人告退,还没有享受的人争取活下来。这是比较狭窄地理解"功利",即将其主要理解为"快乐"。

7. 德性原则。即按这些人的品质进行选择,"首先把好人救出来"。"贪污的国家干部"得票最低大概就是因为这个原因,同时他也没有明显的技能,如果说他有一种管理和指挥的才能,也要因他的品质而抵消。但这样做可能对好人的德性反而可能是一个损害甚至侮辱。比方说青年工人如果不是因为他将要承担的工作按生存可能性原则或最大功利原则被选择,而是因为他过去的道德品质

真实的海难事件:泰坦尼克号的沉没。这艘当时世界上最大的客轮,于1912年4月处女航时撞上冰山后沉没;2208名船员和旅客中,只有705人生还。泰坦尼克号海难为和平时期死伤人数最惨重的海难之一,同时也是最为人所知的海上事故之一。

从赶往事故现场对泰坦尼克号进行救援的卡帕西亚号上拍摄的一艘装满了逃生乘客的救生艇。

即使在最危险混乱的时刻,泰坦尼克号的船员们仍然恪尽职守,尽力对乘客进行了救援。妇女和儿童优先获救的原则得到了遵守;8名乐手在指挥的带领下继续为滞留在大船上的乘客们演奏,以平复这些注定要在几十分钟后死去的人们惊恐的内心。富翁古根海姆穿上夜礼服,"即使死去,也要像个绅士";来自丹佛市的伊文斯夫人把救生艇座位让给一个孩子的母亲;然而泰坦尼克号的运营商白星公司主席伊斯梅却弃船逃命,丢下了他的船员和乘客;也有些男人假扮女人抢先登上救生艇。在死生毫厘之间,人们做出了自己的道德抉择。

而作为酬劳被选择,那对他的德性的完善反而不是很好(我们这里注意:同一个人可以因不同的原则而被选择)。

后来同学问到老师自己的选择,老师说这种场合可能不得不采用混合的原则而不是单一的原则,但在这些混合的原则中,又确定出它们被满足的先后次序。他想他大概会首先采用妇女儿童优先的原则,然后是生存可能性原则,否则,作为前提的生存原则就很可能落空,即在二个妇女儿童之后,他再选择劳改犯、青年工人和医生——当然,即便是根据生还可能性这同一个原则,究竟选择哪三个人最好,是可以见仁见智的,船长自然也是精通航海的,而且按道理必须服从,但是,他即便服从心里也可能会有一种隐痛,日后的舆论也可能对他不利。所以还是选择了劳改犯,他可以贡献航海的经验与知识,这很重要;青年工人则可以贡献力气和经验,并且,万一劳改犯使坏的话,青年模范工人的品德和力气结合在一起,还可以对劳改犯构成一种制约,最后,医生可以贡献医术和智慧,另外,这条船上应当有一个权威,那最好是医生。

这就是一个有关"生存选择的例证",你也可以想一想,你自己会如何选择?

2 道德判断的划分

以上各人的选择都是在做出道德判断,下面我们来试图对这些判断进行分类。分类的标准涉及以下三个方面:第一,判断的性质是什么:即是"道德判断"还是"非道德判断";第二,究竟在判断什么:是判断一个事实还是判断一种义务或价值;第三,判断的主体为谁:是特殊的个别的主体还是普遍的全称的主体。

我们联系上面的例证,首先列举非道德的三种判断(以下的所有判断都不涉及真假或对错,而只看其在形式上是否成立):

1. 非道德判断

事实判断

特殊的:这艘船要沉了。

普遍的:爆炸后大量进水的船只都会沉没。

义务判断

特殊的:你应当打开那个舱门。

普遍的:海上遇险,船上的每个人都应听从船长的指挥。

价值判断

特殊的:豪华游轮是我最喜欢的东西。

普遍的:豪华游轮是所有人都最喜欢的东西。

以上的判断都不涉及道德的内容,都属于"非道德判断",即都不涉及"善恶正邪"的问题,而往往只是涉及技术性或个人喜好的问题。下面的三组判断则都属于"道德判断",即涉及"善恶正邪"的问题。

2. 道德判断

事实判断

特殊的：我看见孩子受苦就会于心不忍。

张三其实很自私。

普遍的：任何人看见孩子受苦都会于心不忍。

人都是自私的。

义务判断

特殊的：作为船长,我应当最后一个离船。

普遍的：在海上遇难时,每个船长都应当坚守他的岗位。

价值判断

特殊的：同胞情谊是我最珍视的一种感情。

普遍的：同胞情谊是维系社会最重要的一种情感。

总之,道德判断可分为**事实判断**和**规范判断**,而规范判断又可分为有关"正邪"的**义务判断**与有关"善恶"或"好坏"的**价值判断**,我们也许可以这样区别它们:义务判断是针对人的行为的,直接告诉人们应当怎么做,或者说什么行为或行为准则是正当的;而价值判断则是针对人的品质、性格、理想、所珍惜和追求的事物,从而试图告诉人们应该怎样生活,应追求怎样的目标和事物,怎样使自己的生活过得有意义乃至达到个人或社会的至善等等。

在实际生活中,尤其是在针对行为的时候,这种道德判断又可以分为两类:一类是行为之前的,即事先的**道德选择**,这一般是指个人自我的选择;一类是行为之后的,即事后的**道德评价**,这一般是指对他人、社会舆论的评价。无论如何,它们都涉及规范伦理学的核心问题:即我们究竟根据什么标准或什么理由来判断某些行为或行为准则是正当的,某些行为或行为准则又是不正当的。如果再做细分,那么我们可以说,道德选择的判断词是"**应当**"与否,而道德评价的判断词一般是"**正当**"与否,当然,广义地泛泛说来,后者也可以包括前者——"道德评价"可以包括"道德选择","正当"可以包括"应当"。

3 义务论与目的论

我们在实际生活中所做的道德判断一般都是具体的,我们在做出这些判断的时候一方面是根据具体的情况进行仔细衡量,另一方面则是根据比具体的道德判断更具一般性的规则、原则、乃至理论体系来进行判断。我们这里所说的道德判断的"根据"也就是指这种理论、原则的"根据"。那么,在现代规范伦理学中,主要有哪些理论可以我们进行道德选择和评价的根据呢?

伦理学的理论形态繁多,但归纳起来,主要有两种类型的理论。或者说,通过对"善恶正邪"问题的不同回答,可以分出规范伦理学中的两大流派,这两大流派就是义务论或道义论(deontological theories)和目的论(teleological theories),也有的学者如彼得·辛格认为:现在更多的学者用更直接的术语"结果论"(consequentialism)来取代"目的论"。

在现代伦理学中,这两种分歧的理论构成我们进行道德判断的两种主要理论根据。为明了这种分歧,我们有必要区分伦理学中的两组概念。罗斯(Ross)指出:有两种或两组不同的、必须区别使用的主要伦理学范畴,一组是"正当"(right)、应当(ought)、"义务"(duty)等语词;另一组则被人们称为"好"或"善"(good)、"价值"(value)等等。许多人不区分这两组范畴,而倾向于无区别地使用它们。然而这两者之间其实应有一个明确的区分。"正当"主要是针对行为、过程及其规则而言;"好"的广义则是指一切人们认为有价值的东西(在此广义上,"正当"也可以包括在"好"或者说"价值"之中),但与"正当"相对而言时,"好"则主要是指人们所欲的生活目标、性质、品格、趣味、实际状态以及行为结果中一切有正面意义的东西、人们希望得到的东西。

罗斯认为:"好"与"正当"是各自独立的,不能将两者混同起来。"好"的,并不必然是"正当"的;反过来说,"正当"的,也不一定就是"好"的。这是因为,行为是否"好",能否带来好处主要依赖于该行为的目的动机及结果,而"正当"则不如此,一个行为的"正当"是由于行为本身。动机好或者结果好的行为并不一定就是正当的行为,反之亦然。罗斯这种观点是一种典型的义务论的观点。

于是义务论和目的论(以及价值论)的分歧也就涉及我们究竟根据什么标准或理由来判断某些行为或行为准则是正当的,某些行为或行为准则又是不正当的,以及究竟把哪一类概念看得更根本:

康德是典型的义务论者。在康德看来,道德行为,应该是出自一种义务,一种"天性",只有不抱任何目的的道德行为,才是真正的道德,真正的善。

是"好"或"善"呢?还是"正当""应当"?

义务论者把"正当"和"应当"这类概念作为基本概念,他们认为,其他道德概念都可以用这些概念来定义,或者至少可以说,运用其他道德谓词的判断都要用以这些义务性概念为基础的判断做出证明。另一方面,目的论者把"价值"和"好"这类价值性概念作为基本概念,他们认为,义务性概念必须用这些价值性概念来定义。

典型的义务论者认为,某些行为之所以内在地正当或在原则上正当,是因为它们属于它们所是的那种行为,或者说,因为它们与某种形式原则相符,即这些行为或行为原则本身正当与否主要就因为它们本身的性质,而一般再不必他求。另一方面,典型的目的论者认为,某些行为之所以"正当",是因为它们的"好"结果所致。还有一些与目的论者既相联系又有区别的哲学家,即所谓价值论的直觉主义者(如穆尔),认为某些行为之所以正当,是因为这些行为中固有的价值和好的性质所致,而不仅仅是因为其结果的"好",但"正当"还是依赖于"好"。

正如弗兰克纳所指出的:目的论认为判断道德意义上的正当与否的基本或最终标准是非道德价值("好"),这种非道德价值是作为行为的结果而存在的,最终的直接或间接的要求必须是产生大量的"好处",更确切地说,是产生的"好处"超过"坏处",产生的利益超过损耗。而义务论者断言,除了行为结果的好坏之外,至少还要考虑到其他因素,是它们使行为或准则成为正当的。这些因素不是行为结果的价值,而是行为本身所具有的特性。义务论的伦理学并倾向于考察一切能够从道德上进行评价的行为,对它们都附加某种底线约束——即不能逾越某个界限,它关注的不是行为要达到什么目的,而是行为的方式,行为对他人的影响,不是一个人为什么要做某件事,他要通过这件事达到什么目的和效果,而是他怎样做这件事,他所做的这件事情在道德上属于什么性质的行为。

我们这里要注意:这里所讨论的问题不同于道德评价是应当根据动机还是效果、或者说"志功"的问题,首先问题的层次不同,前者主要针对行为而言,或者说主要是对事不对人,是涉及所有道德判断的伦理学的中心问题,尤其是现代伦理学的核心问题,后者则主要是对人的评价问题,在传统伦理学中较具分量,并且逻辑上应以对前者的回答为前提,因为前者是回答"究竟什么是正当的,什么是合乎道德的",而后者则只有在这一标准已经确立之后,才能具体应用到人们身上。所以,我们在此还应注意:"目的"一词不是指主观目的和动机,不是指还在人心里、有待实现的"目的",而是已经实现的"目的",我们实际上就是通过其结果来判断其目的的,所以说,在这个意义上,"结果论"的用法比"目的论"更直接明了。

义务论把针对人的行为而发的道德义务判断看做更基本的、更优先的。它认为对人及其品质的评价最终要依赖于对他的一系列行为的评价,善恶的价值判断最终要归结为行为的正当与否,而行为的正当与否,则要看该行为本身所固有的特性或者行为准则的性质是什么。例如,康德的"你应当遵守诺言"这一例子所指示的行为准则就是一种可普遍化,以人为目的和自我立法的准则,因而就构成对人的一种绝对的道德命令,而不管守诺会带来好的还是坏的结果。在此,正当是优先于"好"的,是不依赖于"好"来确定的。

目的论则认为,人的一切行为都是有目的的,都是要达到某种结果的。我们可能确定某种(或几种)"好"为最根本的"好",为最高或最终的价值,那么,我们就可以根据这一根本的"好"来规范我们的行为,来确定什么行为是正当的,什么行为是不正当的,例如,功利主义就是这样一种目的论观点,它首先把"好"定义为功利,然后再把"正当"定义为能够最大限度地增加"好"(功利)的东西。这样,"好"就是优先于正当的,正当依赖于"好"来确定。

以上是理论上的一个辨别,在实践中当然常常并不如此清晰地两分,实际的道德选择是复杂的,义务论和目的论常常会支持同样的行为规范和标准,在大部分正常情况下,义务论和目的论的主要派别完善论、功利主义并不冲突,所支持的行为规则是一样的,只是后面的理由不同,但在某些特殊的边缘情况下,究竟是坚持义务论还是目的论还是会有很大的差别,而恰恰是在这样的情况下,最能衡量出一种理论的意义。比如说,义务论与目的论可能在一般情况下都会赞成不去伤害一个无辜者,但是,如果在某种虽然会伤害某个无辜者,却能给大多数人带来很大好处的特殊情况下,目的论就可能赞成伤害这个无辜者,而义务论却仍要表示反对。而且,问题还不在于这样的特殊情况,而是目的论有可能被滥用来为"只要目的正确,采取任何手段都可以"的观点服务,而这时"目的"也很可能会被拥有对它的解释权的人随意解释。

康德是义务论的典型代表,由于本书较倾向于一种温和的义务论观点,这种观点还将在后面的章节中较多地予以陈述。所以,我们下面先主要介绍几种目的论的理论:利己主义、功利主义和完善论。

4 利己主义

利己主义源远流长,它在理论上虽然备受非议,在实际生活中却常常是根深蒂固地存在着和流行着。我们在前面的选择中就可以看到自我优先的行为准则被列在第一位,当然,这种选择可能并不都是出于利己主义原则也可能是出于"我日后将对社会做出较大贡献"的功利主义原则。

从事实与价值的关系来说,**利己主义**可分为**心理利己主义**和**伦理利己主义**。心理利己主义认为所有人实际上都是在谋求自己的利益,或者说追求自己的幸福。所谓"人人为自己,上帝为大家""人不为己,天诛地灭""人为财死,鸟为食亡"等说法都是这种利己主义的通俗说法。伦理利己主义则是作为一种价值规范提出来的,认为人不仅事实上是追求自己的利益,人也应当如此去谋求自己的利益。

从行为的主体或者说是特称判断还是全称判断来说,利己主义又可分为两种:一是**特殊的**或**自我的利己主义**,二是**普遍的**或**全称的利己主义**。前者是认为其他人都应当优先服从我的利益,都应当为我服务,或者说不管别人是怎样行动,是利他还是利己,我反正是最关心我自己的利益。后者则认为所有人都应当追求自己的利益,按照是否增进自己的利益的标准来行动。

那种自我的利己主义是谈不上理论化的,它首先受到了人称的限制,实行者常常只是做而不说,甚至说的是相反的话,如此才能保证他自己的最大利益。它常常只是作为一种密而不宣的私人实践原则在起作用。在这个意义上,那种普遍的、可以公开宣称的利己主义比起它来说甚至是一个进步,因为,一个人的利己主义由此受

美少年纳西索斯(Narcissus)是希腊最俊美的男子,无数的少女对他一见倾心,可他却自负地拒绝了所有的人。有一天纳西索斯在水中发现了自己的倒影,然而却不知那就是他本人,爱慕不已、难以自拔,终于有一天他赴水求欢溺水死亡。众神出于同情,将他死后化为水仙花。某种意义上,纳西索斯指代了那一类囚禁于自我的牢笼而无法对世界敞开自己因而也无法获得他人的爱的人,极端的利己主义者无疑也在其中,表面上看,他们获得了很多,实际上,他们失去的更多。

到了其他所有人的利己主义的限制和纠正,这对一个执迷不悟、难以说服的利己主义者甚至是一种最好的纠正,因为他只有碰到他人利益坚硬的墙时才知道停止。普遍的利己主义也就是一种"合理的"或者说"开明的"利己主义,它胜过极端的利己主义是因为它毕竟采取了一种"一视同仁"的原则。所以,有的倡导普遍利己主义的人如快乐主义者伊壁鸠鲁之所以个人品德仍然让人敬佩,也许是:第一,他承认了他人利己和自爱的权利;第二,他实际上把"利益"精神化了,把精神上的宁静自足和无纷扰视为自己最大的利益和快乐。但是,这并不意味着他所主张的原则就正确:第一,并不是所有人都会如此理解"利益",第二,如果所有人都追求自己的利益,那么,大家又都生活在同一个社会里,如何把各个人的各种利益分出先后呢?当利益发生冲突时,又如何裁决利益的冲突呢?罗尔斯曾把利己主义描述为一种不想订立社会契约的立场不无道理。

自我的利己主义在理论上几乎可以不予考虑,而"普遍利己主义"的最大问题恰恰是它实际上无法普遍化。我们生活的世界是一个"相互作为主体,同时也相互作为对象"的世界。而一个损人利己的行为者必须永远使自己处在主体的地位,这当然是不可能的,如果可以普遍化,如果其他人也能成为同样行为的主体,那么,或者是自己的利己行为落空,或者是反而处在一个受害者的地位。也就是说,这一利己准则和它所达到的正相反对,它倾向于自我拆台、自

伊壁鸠鲁(前341—前270)的学说的首要目标是把人们从恐惧(不仅是对死亡的恐惧,而且是对生活的恐惧)中解放出来。在一个方方面面都不可预测而且相当危险的时代,伊壁鸠鲁主义倡导人们去寻求个人生活的幸福和平静,"默默无闻地生活"是他的格言之一。所以,他的快乐主义是一种消极的、高贵的快乐主义。

我挫败,要"普遍"就无法"利己",要"利己"就无法"普遍"。

当然,这并不是否定人们合理的自我关怀或自爱,而只是说,利己主义无法作为一个我们据以进行道德判断的普遍原则。个人常常是他自己利益的最好判断者。正如约翰·杜威所说"只有自己最清楚鞋子在哪里夹脚",人的知识和能力是有限的,他只能在某种切己的范围内了解信息和进行判断,同时,人也只有首先把自己打造成器才谈得上为社会有效服务,所以,他不能不对自己有一种基本的关心,只是这种关心不应逾越合理的范围。

5　功利主义

功利主义(utilitarianism)的含义,用《功利主义》一书的作者约翰·密尔的话说是:"承认功利为道德基础的信条,换言之,最大幸福主义,主张行为的正当是与它增进幸福的倾向为比例;行为的不正当是与它产生不幸福的倾向为比例。幸福是指快乐与免除痛苦;不幸福是指痛苦和丧失快乐。"我们从上述对"幸福"的理解可以看出现代以休谟、边沁、密尔、西季维克为代表的功利主义与历史上以伊壁鸠鲁为代表的快乐主义的联系,它们的主要区别在于:其一,古代快乐主义较强调"幸福"的主观的、心理的方面,或者说更强调"快乐"而现代功利主义更强调"幸福"的客观的、可见利益和效用的一面;其二,古代快乐主义较强调以个人、自我为幸福的主体;而现代功利主义更强调社会整体或大多数人的幸福。边沁的"最大多数人的最大幸福"的公式是功利主义原则的一个简明扼要的概括,但是,究竟是更强调"幸福"或者说"好处"的最大量,还是更强调得到幸福的"人数"的最大量,对功利主义还是个难题,因为这两者是可能有矛盾的,还有在这些人数中如何公正分配利益和好处、快乐和幸福是否仅从量上衡量还是也考虑其质,对功利主义也构成困难。边沁提出过"一个只能算一个,不能算作更多"含有平等的意味,密尔也说过"做一个不满足的人,要比做一只满足的猪好",把

边沁（1748—1832）认为，人的行为服从于趋乐避苦的原则，追求幸福在于拥有快乐和避开痛苦的体验。为了德性本身而追求德性是虚伪和荒谬的，除非德性有用并对幸福有所贡献。

密尔（1806—1858）延续了边沁的伦理学思想：所有的行为都在于趋乐避苦。然而，他把一种品质上的价值层级引入对幸福的追求。某些形式的幸福具有更高的价值，人们能够超越物质幸福，追求精神幸福。

快乐精神化甚至道德化，但类似的一些修正有可能以失去功利主义原则的明确性和唯一性为代价。

功利主义可以分为**行为功利主义**与**规则功利主义**。行为功利主义根据具体情况下的具体行为所产生的效果来确证一个行为是否正当,而规则功利主义则是根据某类规则来加以确证的。当然这些规则本身又需要经过功利原则来加以确证。对于行为功利主义者而言,正确的行为是在该情况下能够产生最大功利的行为。但是行为功利主义没有将各种情况的不确定性和社会事情的复杂加以充分的考虑,对于许多行为的结果,特别是间接后果我们是难以判断的,因此根据行为功利主义一是容易产生差错,其次是计算在某些情况下将变得非常困难。

因此,规则功利主义强调规则在道德中占有核心地位,规则不能因为特殊情况的需要而被放弃。当然,它也认为,这些规则之中的每一条之所以被人们所接受,正是因为普遍地遵守这些规则会比遵守任何可以替换的规则能产生更大的功利。但是,我们还是可以把规则功利主义看做是对强调行为规则的义务论的一个让步。功利主义经常要受到如何比较、计算和确定善的问题的困扰,它也不能为如何防止不正义的分配提供有力的防范,但它确实又具有单纯明晰的特点,也切合许多人的思想气质,在一般情况下也常常是足敷应用。

6 完善论

完善论(perfectionism)又可称"至善论""至善主义"或者"自我实现论""精力论",乃至"卓越论""德性论""价值论",与一元论目的论的功利主义不同,从总体上看,它也许可以被称之为一种综合的、甚至多元的目的论,它主张道德应当帮助人们去实现完善的、全面发展的目的,去努力达到人生各方面的卓越和优秀,达到至善、而尤其是达到人在道德德性和人格上的尽善尽美。它是以人为中心而不是以原则为中心的,是致力于在人格和德性上不断超越、尽可能地力求达到人的最高境界,展示人的最卓越的方面。它主要是想回答"我应当成为什么样的人?"而不是"一个人应当怎样做?"当然,各个道德哲学家或哲学流派对卓越和德性的理解会有所不同,他们或强调不同的侧面,或倾向于一种较为综合的理解。而当问到是"谁的完善?谁的自我实现?"时,哲学家们的回答可能是或偏重于指个人、一己的自我,或偏重于指从某个范围内的集体一直到全人类的"大我",由此也产生出完善论的不同派别。

广义的完善论是在传统社会占据支配地位和最有影响力的伦理学理论。其主要代表在西方包括从苏格拉底、柏拉图、亚里士多德、斯多葛派一直到费希特、黑格尔、包尔生、格林等。中国的儒家学说也基本上说是一种完善论,它的目的是致力于使自我或者说一个处在社会上层进行统治的知识群体成为"君子",成为"圣贤"。由于这种"君子"是主要从道德上衡量,其德性和卓越主要是指道德上的优秀和卓越,所以和斯多葛派相当接近,即都有一种先使"好"与"善"(道德上的"好")结合,再使"善"与"正当"结合起来的倾向,即使道德君子或者说一种有德性的生活成为它们追求的主要乃至唯一的目的,所以在它们那里,这种德性的目的论又表现出一种义务论的特点,但是,无论如何,在它们看来,"善"还是比"正当"更根本,在两者的关系中,还是由"善"来定义"正当",而不是由"正当"来定义"善"。

联系到社会变迁,我们也许可以说,完善论主要是传统社会占优势的伦理学理论,常常和一种追求人类的优秀和卓越的价值观念联系在一起,所以,它的诉求虽然也以普遍的形式出现,实际上却有一种精英的性质,它更重视质,重视人生精神和超越的一面。功利主义则主要是在现代社会占优势的伦理学理论——即便说理论上不占优势,那么在实际生活中也是占优势的,它和现代人重视经济和物质利益的价值观念有关,所以,它倒确实有一种平民的性质,它更重视量,重视人生物质和实际的一面。

孔子与孟子:中国儒家文化中的典范形象。他们都强调人是一种道德性的存在,有能力进行自由的道德选择。

四

道德原则的论证

有两样东西,我们愈经常愈持久地加以思索,它们就愈使心灵充满日新月异、有加无已的景仰和敬畏:在我头上的星空和在我心中的道德律。

——康德《实践理性批判》

《星月夜》(梵高,1889)

在上一章"道德判断的根据"中，我们展示了人们进行道德选择和评价时所诉诸的理论根据之异，在这一章里，我们将试图寻找一些共同点，考虑是否有可能建立某些具有原则意义的道德共识。但是，我们在本章并不具体提出某一项道德原则而围绕着其进行证明，而是更注意一般地提出道德原则的必要性和可能性。所谓**道德原则**，也就是指构成一种伦理规范体系的核心的、最为概括和抽象，最具有普遍性的准则。在道德实践中，它是作为道德判断的根本依据、道德选择和评价的最后标准起作用，我们在前一章中讨论道德判断的依据，最后就都要追溯到道德原则。

在历史上，人们提出了各种各样的道德原则，如快乐主义的道德原则：快乐是最高的善；亚里士多德的完善论的道德原则：人在各种德性方面的充分和全面的发展；以及边沁所提出的功利主义的道德原则："最大多数人的最大幸福"。这些原则都曾经在实践中发挥过很大作用，人们对道德原则也深信不疑，如果对某一原则产生怀疑,往往也会提出另一个原则来代替,但到了现代,尤其是20世纪,人们对道德原则本身产生了怀疑,这样,探寻是否还有原则存在的余地,普遍性的道德原则是否可能,如何可能,亦即论证的问题就变得非常重要了。

1 作为道德原则的普遍性

我们首先说一说原则规范的意义。人们可能会问:为什么我们一定要承诺某种普遍原则或者规范?每个人直接地和具体地去面对每一个行为境遇进行判断不是更好更贴切吗?为什么还要诉诸一些约束人的准则规范?并且,规范又不可能告诉我们在每一个具体行为境遇中究竟如何做,还是常常得分析具体情况才知道怎么办,那么,要它们又有何用?这里有一种"要么全部,要么全不"的思路,似乎只有道德规范能使我们每个人都能一劳永逸地知道在道德上如何行动时,我们才可承认和接受规范。但规范实际上只是起一般规范的作用,而它们之所以能一般地起作用,是因为我们的生活和行动中有许多类似的情况,我们可以在这些类似的情况下采取类似的行动。在每一次可能涉及道德行为的处境中,每个人都重新由自己根据自己的感觉和判断来选择一次,不仅是不可能的,也是不必要的。个人早就可以根据这些境遇的类似点总结出适当的行动准则了,行为境遇虽然不可能完全一样,但还是有很多共同点可寻。并且,重要的是,如果在一个人的行为中全无准则、规律可寻,只是一系列碎片、断片、转折,我们甚至完全无法判断他的人格、德性,也无法预期他可能的行为而相应地与之交往。所以,即便只是从个人人格的完整性和统一性来说,个人也必须有某些自己的生活准则、道德准则,在个人的行为中需要有某种前后一贯性存在。

那是否只需个人准则即可,而不需要普遍的规范?或者,我们每一个人都可以,也应该按照某些形式的责任感或目的(如功利、幸福、完善、自我实现等等)在每一个具体行为境遇中重新判断和做出抉择。然而,不仅在一个人生活面对的行为境遇中存在着许多类似之点,在这个人和那个人的行为境遇中也同样存在着许多类似之点,我们为什么不可以根据这些类似之点建立某些一般规范,并在类似的境遇中应用这些规范呢?当然,有时候我们需要面对一些无前例可循的边缘境况而必须自己相当独立地做出道德抉择,但即使在一个人的一生中,这样的境况可能也不是很多。我们没有必要花费很多时间、精力以及深重的焦虑、不安去面对一些本来应用规范就可轻易应对的日常境况。何况这里还有一个主观能力和客观信息的问题。而即便在上述那种边缘处境中,我们的抉择也需要寻求某种指导或助力,并非是全无依凭或借鉴。我们也还须考虑人性中的差别,考虑到所有人。

但即便承认原则规范的意义,还有一个它们是否可能的问题。原则实际上也就是最高的规范。作为一个道德原则,它在形式上如何能成立?我们可借用罗尔斯对正义原则所提出的五个形式要件

约翰·罗尔斯（John Rawls 1921—2002），美国著名哲学家、伦理学家，著有《正义论》《政治自由主义》《万民法》等。他强调"实质性道德观念的中心地位"，在其《正义论》中建构了一个体大思精的正义理论体系，对西方社会和学术界产生了巨大的影响。

来说明，这五个条件是：一般性、普遍性、公开性、有序性和终极性。换言之，一个道德原则必须具有**一般**的形式，**普遍**适用于一切场合，能够公开地作为排列各种冲突要求之**次序**的最后结论来接受。

我们这里主要谈前两个条件：即原则的内容首先应当是一般性质的，要表达一般的性质和联系，而不涉及具体的个人或事物。其次，原则在应用中，也必须是普遍有效的，即它们适用于一切场合，一切个人，它们因道德人格而必然对每个人有效。如果要区别一般性的条件限制和普遍性的条件限制，可以说，前者是指原则本身是高度概括和抽象的，不涉及任何具体的事情和特定的人物，后者是指原则能普遍地应用于一切场合和一切人。但是，这两个条件显然是紧密联系在一起的，普遍适用于所有人的原则，它不可能是包含有特殊内容的。所以,我们讲道德原则的"普遍性",也可以把这种"一般性"包括在内。

这样,所有特殊人称的行为准则就都应当从道德原则的表格中排除出去了,尤其是两种特殊的利己主义:一种是要求别人都服务于他自己的利益的专制型利己主义;另一种是要求别人都履行义务而自己却可豁免的逃票型利己主义。

在实质的意义上,"普遍性"还涉及道德原则的真实性,即涉及一种客观的普遍性,比如快乐主义说快乐是最高的善,因而所有人都应当追求快乐。这个原则在形式上是成立的。但质疑者就可以问:是不是快乐真的是最高的善?

另外,在实践的意义上,人们还可以问:一个道德原则是否真的能够普遍化?是否真的能够得到所有人、或至少是绝大多数人的支持或认可,成为一个社会的普遍共识?

这样,如果我们广义地考虑道德原则的"普遍性",就可以说有三层不同的含义:首先的一个含义是,这里提出的道德原则是要面向这个社会的所有人的,是要普遍地对社会的每一个成员提出要求,而不是仅仅要求其中的一部分人,即不会要求一部分人而另一部分人豁免。而且,这些要求是同等的,并不因人而异,不因每个人的出身、贫富、地位、种族的差别而有差异,即不会要求某些人严些,要求某些人松些。

其次,它也认为自己提出的义务是确实具有某种客观普遍性的,是具有某种逻辑的根据和充分理由的,乃至也符合一般人心中的道德直觉和正常情况下形成的普通人具有的常识,符合被社会广泛尊重的一些基本道德判断,即一种对立于道德相对主义、虚无主义的"普遍性"。

最后,它也致力于寻求所有人的共识,甚至可以说它的构建方式就主要是在各种歧异的价值观念和道德理论中寻求一些基本的共同之点。

我们首先要考虑的是:道德原则应当是面向所有人的,而且应当是平等地面向所有人的。现代社会的道德原则不是像较为正常的传统等级社会那样仅仅要求其中最居高位,或最有教养的少数人,也不是像在历史上某些特殊的过渡时期、异化阶段那样仅仅要求除一个人或少数人之外的大多数人。

在中国的传统社会,社会被公开地分为两大等级阶层:官与民。而对官员的要求理论上是应当负有更高的道德要求,这还不仅是那种任何社会都会赋予的政治职责的要求,而是和文化有关,即中国的官员是来自"学而优则仕"的科举制度,是官员和学者结为一体的"士大夫"阶层,并接受儒家思想的支配,而儒家认为这样一个"士大夫"的上层应该"希圣希贤",成为社会的道德榜样,从而也影响到社会的广大民众,使其风俗淳朴。所以,对一个多数的下层和对一个少数的上层的道德要求理论上是不同的,前者较低,后者较高,当然,这种道德体制并不妨碍、甚至鼓励下层的杰出者作为个人升到上层,但社会的道德确实是两分的,有君子的道德,也有庶人的道德,相对于等级政治的是一种等级道德。所以,按上面所说的适

士与贵族：这两大阶层都曾分别被看做东西方社会的精英阶层，受到更好的教育，负有道德表率的重任。

用的对象看，传统社会的道德还不是一种真正的"普遍道德"，而是具有一种文化和道德精英主义的特征。

但是，当现代进入一个以平等为标志的社会，建设一个具有普遍涵盖性和平等适度性的社会伦理体系就变得势在必行了。现代社会道德的基本立场之所以要从一种精英的、自我追求至善、圣洁的观点转向一种面向全社会、平等适度，立足公平正直的观点，在某种意义上正是因为社会从一种精英等级制的传统形态转向了一种"平等多元"的现代形态。

2 寻求共识

我们在本节试图提出和强调一个"**道德共识**"(moral consensus)的概念,这一共识从性质上说是道德的,从范围上说是政治的;从内容上说是规范的;从程度上说是底线的。

寻求一种道德共识的必要性来自社会本身,而其迫切性则来自这个时代,来自现代社会。任何一个社会都需要一种基本的道德共识才能维系,才不致崩溃。而现代社会由于趋于多元,则更迫切地需要凝聚起某种道德共识。

现代社会的平等趋向即意味着价值取向的分化,在传统社会中,一个社会的精神道德和意识形态往往也就是统治阶层的精神道德和意识形态,而在现代社会里,由于平等的观念和信仰的自由,价值的追求也就变得越来越歧异了。近代以来人们的社会地位和政治权利日趋平等,人们的价值观念也就越来越多元化,人们对究竟什么是好的生活,什么是幸福的理解也就越来越歧异,越来越强调自己独特的理解,即强调什么生活对我来说是好的生活,什么是我所理解的幸福。

传统社会和现代社会在这方面的主要区别不是在社会存在不存在价值差异,而是在如何对待这些差异:传统社会的态度是抑制和消解这些差别而使人们的价值观念趋于统一,用某一个有关

"好"的根本价值观念来规范和约束人们的行为；但现代社会看来必须走另外一条路，它必须接受和承认人们在价值观念上的差别，甚至把这种差别状态视为正当，或至少视为正常，视为将持久存在、我们不得不接受的状态。承认社会上人们的生活方式正日益多样化，人们的价值观念也正日趋多元，这就是我们必须面对的一个基本的社会事实。所以，时代面临的问题就不是以一种价值观念战胜其他的价值观念，以一种生活方式统一其他的生活方式，而是首先使人们不打架，使我们大家都能活着，彼此相安无事，甚至还达到某种客观上的互补和主观上的沟通。而这种能够使我们和平共处的规则就是我们首先要寻求的道德共识。

我们在此可借鉴罗尔斯有关"重叠的共识"（overlapping consensus）的观点。他认为，现代社会实际上是一个合理的价值多元的社会，有相当多的不可调和、甚至不可比的宗教、哲学理论共存于制度的结构之中，自由民主制度本身也鼓励这种多元化，因而现在人们就面临了这样一种情况：必须把多元看做一种正常状态和持久条件，而不是例外和反常。这样，就必须努力寻求一种为各种广泛的宗教、哲学与道德理论认可的持续共识，且这种共识不宜通过国家力量来维持，而是要得到其政治上活跃的公民的一种实质性多数的自愿和自由的支持。

这种共识的特点是：首先，它不是广泛的、无所不包的，而是范围受到严格限制的，即不仅不包括私人生活的领域而只是涉及公共生活的领域，而且只涉及公共生活中的政治领域，即它只是一种"政治的共识"。其次,这种共识不是像一个圆圈那样单一的,而是"重叠的",或者说"聚焦的",即它不是被包含在一个广泛的解释人生的宗教、哲学或政治的理论之中,而是独立的、就像一个小圆点一样被多种宗教、哲学或政治的理论所聚焦和支持。换言之,它不是从任何一种广泛理论引申而来的,不以任何一种广泛理论作为自己唯一的基础。

这样一种在一个多元社会里寻找共识,或者说处理多元与普遍的关系的努力,我们在许多思想者例如李普曼的"公共哲学"、贝尔的"公众家庭"、哈贝马斯的"话语伦理"那里都可以看到。无论如何,现代人已经进入这样一个社会:数百年来社会平等的迅猛发展,个性自由的极度宣扬,使人们的生活方式和价值观念越来越呈现出

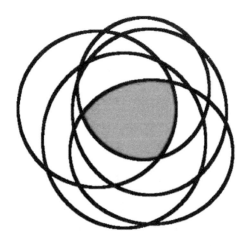

"重叠的共识"(overlapping consensus)就像这图中一个一个重叠的圆圈,只在局部才产生一定的交集。

差别，追求的目标相当歧异。从尼采、萨特到福柯、德里达的一些思想家也以其头等的天才投入了消解传统共识的努力；而另一方面，我们也可以看到种种对共识及统一的社会纽带崩裂瓦解的痛心疾首和激烈反应；有些人主张全面复归传统，也有的人主张以一种宗教的复兴来拯救世界，还有的人寄希望于一种在信仰、情感、规范方面都相当一致的共同体生活，例如西方的共同体主义(communitarianism)所期望的。但更多的思想者可能还是在艰难地寻求一种中道，也就是说，他们一方面承认和接受多元的事实，乃至于承认多元在道德上的正当性；另一方面又坚持仍然有一种超越于各个自我、各个团体、各个民族和各种文化的普遍的东西。

所以我们要问自己，我们是否对此有足够的精神和理论准备？作为多元中的一元，作为行为主体，我们可能会乐于享受多元，但我们同时也是行为的对象，我们也许还要面对如何忍受多元的问题，如此我们就不可避免地也要遇到如何建立多元共存的普遍共识问题。我们就要考虑：我们有可能寻求什么样的共识？在什么地方寻求共识？我们还能够像传统社会那样达到终极信仰和价值追求方面的统一吗？抑或应该优先达到规范方面的普遍共识，即达到"规范共识"而非"价值共识"，达到有关"正当""正义"的共识而不是"好"的共识。后一种共识还是可以在一部分人那里达到，在各种社会团体那里达到，他们不仅共享着全社会统一的规则共识，也在自己的社团里共享着价值共识、趣味共识或信仰共识，但是这种共识只是在可以自愿参加和退出的社团里存在，它不是全社会的、不是具有某种强制性的,而全社会的普遍共识则主要表现为一些最基本的社会制度和个人行为的原则规范。没有这些基本规范,人类社会实际上就不可能持久生存,更谈不上协调发展。

这里关键的是区分行为规范与支持体系。这些有关行为规范的普遍共识要寻求各种合理的精神信仰体系或广泛价值理论的合力支持,而非仅仅一个精神信仰体系或广泛价值理论独立的支持,即不是"只此一家,别无分店"的支持,而是"多多益善"的支持,换言之,现代社会的道德共识不仅要寻求宗教信仰者的支持,还要寻求无神论者、怀疑论者、不可知论者的支持;而在宗教信仰者里面,也是应寻求各种宗教,例如基督教、伊斯兰教、佛教、道教等各种宗教的支持,而不是仅仅一家一派宗教的支持,即让精神动力的源头活水尽可能地广泛而不是单一,而对基本行为规范的认识却趋于统一。

3 现代社会伦理的基本性

从上面的论述我们可以看出:在各种寻求道德共识的努力中,至少有一点是可以明确的,即各方的共识不宜再是基于某种全面的人生哲学或者宗教体系,不宜再是一方完全统一或吃掉另一方,现代社会在终极信仰甚或价值追求方面的共识很难普遍地在全社会达成,或者说很难在"政治的领域"达成,而且,如果要在这个领域追求一种统一价值和信仰的目标,还有一种巨大的危险,那就是我们在20世纪的人为灾难中所看到的危险。所以,我们不能不强调现代社会伦理的基本性。

在任何社会中,对这个社会的成员或大多数人所要求的伦理与个人自我追求的伦理的要求是不同的,前者显然要低一些,这一点我们可以用一个熟悉的排队的例子来说明。排队的规则是:先到者排在前面,后到者排在后面,自己不插队,也不夹带人。如果大家都不遵守这一要求,也就没有了排队。但能不能提出比这更高的要求作为普遍的规范呢?我们这里所说的还不是呼吁而是规范,规范就要求大家都要履行,有时还有一种外在的强制力来督促这种履行。比方说,假如规范要求每个排队者都先人后己,礼让别人。这样,每个排队者就都既要主动让比自己后到的人,也要反过来让比自己先到的人,但这样排队者可能很快就要"让成一团"。情景就像古代小说所写的那样,许多客人进屋来,互相拱手作揖,许久却谁都不能落座。这样无形中也像那种没有规则的"挤成一团""乱作一团"一样取消了排队。

一个人愿意把自己应得的权益让给别人可不可以呢?当然可以,而且是一种高尚行为。但是,首先这不能作为一种对所有排队者的规则要求,而应是一件由他自己决定的事情,也就是说不能强迫,而只能自愿。真诚的礼让者自然是令人敬佩和感动的,一个社会没有这样的人,也就会没有了希望,没有了感人的东西,没有了个人努力的鼓舞和激励。但从人性、从历史我们都可以得到可靠的信息:这样的人不会太多,也许正是因此,他们才显出自身努力的意义。而从整个社会建立秩序规则来说,我们所需要的只是"先来先买,后到后买"的基本规则。而这种规则对于维护一个社会的基本运转也足敷应用。而到了人们的价值观念歧异化的现代,这还是一个不得不如此的选择。

我们可以用"**底线伦理**"来描述这种现代社会伦理的基本性。"底线"是一个比喻,一是说这里所讲的"伦理"并非人生的全部,也不是人生的最高理想,而只是下面的基础,但这种基础又极其重要,拥有一种相对于价值理想的优先性;二是说它还是一种人们行为的最起码、最低限度的界限,人不能够完全为所欲为,而是总要有所不为。

每个人都有自己的人生目标和价值欲求,但人必须先满足一种道德底线,然后才能去追求自己的生活理想。道德并不是人生的全部,一个人可以在不违反基本道德要求的前提下,继续一种一心为道德、为圣洁、为信仰的人生、攀登自己生命的高峰,但他也可以追求一种为艺术、审美的人生,在另一个方面展示人性的崇高和优越,他也可以为平静安适的一生,乃至为快乐享受的一生,只要他的这种追求不损害其他人的合理追求。

道德底线虽然只是一种基础性的东西,却具有一种逻辑的优先性:盖一栋房子,你必须先从基础开始。并且,这一基础应当是可以为有各种合理生活计划的人普遍共享的,而不宜从一种特殊式样的房子来规定一切,不宜从一种特殊的价值和生活体系引申出所有人

《查理周刊》被袭击的事件引起了全世界的震动;也在思想界引发了激烈的争论:在充分保障个人言论自由的现代社会,言论自由有无底线,能否以言论自由的名义随意地冒犯他人的信仰?另一方面,即使为了捍卫信仰,能否轻易地剥夺他人的生命?在文化、价值观多元化的今天,是否仍有一些基本的道德规范和伦理原则是不能够违背和践踏的?比如尊重他人信仰的原则,比如保护生命安全的原则。

的道德规范。至于整个生活方式的问题,生命终极意义的问题,可交由各种人生哲学与宗教以不同的方式去处理。

严守道德底线需要得到人生理想的支持,而去实现任何人生理想也要受到道德底线的限制。但两者又有区分:底线在共识的意义上也许可以说是一个单数,底线只是一个,并不是说对不同的人有不同的标准,它是对全社会的,它对所有人都是同等要求的,并且它在某些范围内还可以有某种法律和舆论的强制;而今天人们的生活理想却可以说是趋向于一个复数,人们的价值追求和终极关切是不一样的,它们也是属于个人自愿的选择。

当然,说"底线是一个单数,底线只是一个",并不是说这一底线是某一个人或统治阶层来规定的,或者说内容是始终固定不变的。相反,底线的大致确定和内容阐述恰恰是需要通过所有相关人、所有各方来进行平等的对话、交流和讨论,需要通过反复的论证和阐释来达到的。现在优先的问题是需要如此阐述一种底线伦理,以使它得到不是一种人生理想与价值体系的独断的支持和阐释,而是得到持有各种合理的人生理想与价值体系的人们的共同支持。现时代正使我们面临这样一种处境:最小范围内的道德规范需要最大范围内的人们的同意和共识;最底限度的道德约束呼唤着最高精神的支持。所以说,强调道德底线与基本义务和提倡人生理想与超越精神又是紧密联系、完全可以互补的。但在今天的社会情况下,首先必须区分这两者才谈得上真正有效和持久的互补。

4 道德原则论证的几种可能方向

下面,我们还想一般地谈谈论证道德原则可能采取的几种主要论据类型:

第一种可能的论证方向是**形式理性和充分理由**。它们主要诉诸的是人的理性。所谓"形式理性",这里是指康德的"可普遍化原理",这一原理简单说来就是:你应当如此行动或行为,考虑到使你的意志所遵循的准则永远同时能够成为一条普遍的立法原理。我们要注意,这一原理的要义与其说是"凡能普遍化的准则都是道德原则",而不如说是"凡不能普遍化的准则都不适合作为道德原则"。即它的主要作用是用来排除非道德和不道德的原则,而不是用来构建道德原则。只有能够通过这种检验的规范才是符合道德的规范,比如说谎、许假诺言的行为准则就不可能被普遍化,因为,一旦普遍化,也就会"无诺可许""无人可骗",从而也就无所谓"许诺"和"欺骗"了,逻辑上它们就将自己取消自己,自己挫败自己。

但是,"可普遍化原理"显然只是检验和论证道德规范的一个必要条件,而并不是一个充分条件。如果它是的话,规范伦理学的任务也就终结了。如果我们在生活中应当如何选择我们的行为都可以通过原则规范来告诉我们,那还要我们个人的道德判断力做什么用呢?正因为"可普遍化原理"不是一个充分条件,才为伦理学的疑问、困惑，从而也是展开和应用留下了广阔的空间。它实际上只是一个形式的条件，一个逻辑的要件，而且，它起作用的范围和方式也受到人类社会历史条件发展的影响，它只是在近代进入相对平等、民主的社会时才开始占据一个突出地位。在传统等级社会中，常常是德性学、人格伦理学更占优势地位——但以为这类伦理学中不含规范却是一种误解，只是这些规范相对于力求完善和高尚的人格与德性是第二位的而已。这类德性、人格伦理学实际都隐含有一种优越的精英论的色彩，但这种伦理学倒也是适合当时的精英等级社会。而康德力倡的普遍规范伦理学则具有一种平民伦理学、公民伦理学的色彩。所以，在近代以来趋向平等的社会中，由规范伦理学占据主导地位并非偶然。

既然"形式理性"是必要的但又是不够的，我们就还要考虑到提出或履行一个道德原则或规范的"充分理由"，我们这里所说的"充分理由"尤其是指那些涉及内容、涉及实质性问题、涉及人们行为的动机、目的、境遇和可能后果的理由。这里的判断和论证就基本上是具体情况具体分析，但它的思路仍然是说理的、分析和推理的，是不断将较为一般的原则与具体情况相对照，再努力提出或验证一些较普遍的行为格准。我们的道德选择是一个复杂的过程，经常是在一般与特殊、抽象与具体之间反复对照和思考。

第二种可能的论证方向是**个人直觉**与**社会常识**。直觉主义是西方，尤其是英国伦理学中一个影响深远的流派，中国儒家的道德哲学中也有很强势的直觉主义成分，而人们在道德实践的观照和内省中,也不难发现直觉的作用。论证中有时追溯到一些很基本的命题,就会发现像数学中的"2+2=4"一样,几乎是无法再论证,而只能是用直觉去辨明和肯定了。

但个人一己的直觉是否总能靠得住呢?我们就需要在自己的直觉与他人的直觉之间取得某种平衡,这种他人的直觉往往就表现为社会的常识。在正常的情况下,在一个比较稳定的社会中,比较健全的常识往往也会成为比较流行的常识,成为占优势的某种社会舆论或强固的民间信念。这样,我们就有可能通过在自己提出的道德理论与社会的主流信念的反复对照和互相修正中得到某种验证,像罗尔斯的"反省的平衡"就是这样一种论证方式。

第三种可能的论证方向是**历史传统与世界文明**。诉诸传统在传统社会中是相当普遍和有效的一种论证方式,例如所谓"引经据典",通过引证古代的权威和先圣来证明自己的观点,这种方式虽然在现代社会不可能再起那样大的作用,但是也不可全然抛弃,至少我们也可作为对我们古代的先人的道德智慧的经验性观察予以保留,而且除了纵的观察,我们还可放眼世界,从横的方面考察其他文明的道德状况。

以上第一种论证方式主要是诉诸理性;第二种主要是诉诸直觉经验及其社会性的积淀;第三种主要是诉诸感情和经验性观察。当然,这三个方面的因素又是互相渗透的。对于道德论证来说,理性的能力当然是最基本的,但也不能完全排斥直觉、经验乃至感情。为了建设一种合理、健全的社会伦理体系,我们将需要一种综合性的持久努力。

5 原则与例外

最后,我们还想略微谈谈原则与例外的问题。"例外"常常被用来否定原则,或者是说这原则事实上人们做不到,或者说现实生活的复杂处境经常迫使我们不能按原则行事,而且这种不能按原则行事还不是因为我们要满足个人的私利,而是要满足另外的义务要求,或要产生总体上好的结果。如果这样的话,那原则还有什么意义?所以,对原则的论证还有必要注意"例外"的问题,对"例外"的解释亦可看做对原则的一种证明。

我们首先有必要澄清一种误解:即以为所有人都能够做得到的行为准则才能成为道德原则,这是把一种"事实的普遍性"混同于一种"义理的普遍性"了。后者并不以前者为根据。它们一个是说"事实如此"(to be),一个是说"应当如此"(ought to be)。当然,原则应当考虑到"能够",甚至"义务就意味着能够",我们有关"底线伦理"的论述也都考虑到这种可能性。作为社会伦理的道德原则确实应当是一个社会的大多数成员在正常情况下都能够履行的原则。但是,在生活中实际上也总是会有例外的。有时这种差距甚至达到相当大的程度。比如,有的大学在调查问卷中发现:90%的同学都认为作弊是不好的,是道德上应受谴责的;同时,却还有近35%的同学承认自己曾经有过作弊行为。这样,就有至少25%的同学是既接受"不应作弊"的原则,同时又还是事实上作弊了。这种差距的发生有种种原因,但即便如此,承认和接受这一原则还是富有意义,这一原则提供了一个判断的标准和提升的格准,我们正是可以因此做出对与不对的判断而不至于陷入相对主义。原则是在那里还是不在那里,以及原则是被人们接受还是不被人们接受,两者是不一样的。甚至我们可以说,正是因为原则还有例外,原则还没有被人们全都接受,或者没有被人们全都履行,原则才具有意义。原则是一种要求,是一种约束,如果所有人在所有时候都能像孔子晚年那样"从心所欲不逾矩",那么,原则确实就没有什么必要了。

还有一种"例外"是行为选择中的例外,是义务冲突中的例外。它们往往造成了一种确实严重的道德困境。一种普遍主义的伦理学总是要遇到下面问题的挑战:它所阐述的普遍规范是否容有例外?如果不容有任何例外,那么怎样面对可能由此引起的明显与我们的良知和正义性直觉有忤或者我们难以接受的严重后果?如果容有例外,那么怎样解释这种情况与普遍规范及原则的不一致?普遍规范及原则是否将因此失效?为此,我们可能就还需要一些更具体的、作为中介的选择准则。这里有一个"经权"的问题,即我们还是需要"经"(原则),但也需要做出一些具体情况的"权衡"以致"权变"。这里主要还是对原则的应用,是从原则到问题,而非像在应用伦理学的一些领域中一样:试图从问题中引出原则。

如以诚信原则为例,我们如何应用这一原则,如何处理例外情况？或者反过来说，我们是否在任何情况下都不能说谎？还是在某些很特殊的情况下可以说谎？一个医生面对一个假如知道自己得了癌症就可能精神崩溃的病人，是否能告诉他病情的真相？一个人面对一个在愤怒中要报复别人而寻找凶器的人，是否能如实告诉他凶器所放的地方？

我们在这里不具体地回答这些问题，但试图给出一些分析和判断的标准。我们可以分别从作为诚信的例外情况的"说谎"的三个方面来考察：一是说谎的动机；二是说谎所造成的后果；三是说谎的程度。当然，我们进入这一问题，就说明我们承认有时可以有例外，而不是像康德那样坚持在任何情况下原则都不容有例外。

按上述的三个方面，衡量诚信的"例外"需要考虑到以下一些情况：

1. 说谎的动机：这里有善意的谎言；无善意亦无恶意的谎言，例如玩笑的谎言；也有恶意的谎言。

2. 说谎所造成的实际后果：这里的次序一是可以按对他人及社会造成的伤害大小排列；一是可以按伤害的具体对象是钱财、身体还是人格来衡量，一种看法是认为越是伤害到后者，其伤害的后果就越严重。

3. 说谎或者说诚实的程度：这里实际上还是有种种差别，有完全的谎言和部分的谎言，有直接的谎言和间接的谎言——即只是有意提供一些片面的信息而让对方自己去做出错误的结论；有颠倒黑白的谎言和只是不说出真相或不说出全部真相的"谎言"，这后一种情况是否能被视作"说谎"是有争论的,有些人认为由于还是隐瞒了真相,就至少还是不够诚实,但即便如康德也曾经说他自己不可能在他的教学中说出全部的真理,只是绝不以谎言来掩盖真相。最极端的"诚实"的要求者甚至认为一个人在任何时候都应说出自己所知道的全部真理,甚至主动到处去揭发虚假、揭开真相。

对这些我们自然需要一种综合的眼光,需要一种对动机、后果和程度的兼顾的考察衡量。很难给出一个固定的答案。但有一点是明确的,即仍需坚持"诚信是正当的,而说谎是不正当的"的原则。即使我们承认可以有"例外",但并不是要因此而否定谎言的性质本身不是恶,并不是要说谎言本身不是坏事。或者说,我们并不是主张有些谎言是可以提倡的,而只是主张有些谎言是可以原谅的。它们一般只是被我们事后原谅,被我们允许,而绝不是事先被提倡。而且,我们顾及和承认这种例外,主要还是用作谅解他人,而不是用来纵容自己。假设是我们自己为救一个人说谎了,我们所感觉到的是被一个更紧迫的基本义务凌驾了,我们会为他人的生命得到挽救而感到欣慰,但不会为说谎感到骄傲和得意。因为,人确实不只负有一种义务,不是只有诚实才是我们的义务,保护生命也是我们的义务。而当这些义务发生冲突时,我们就要衡量哪一个义务更重要,当一个对凶手而发的谎言能够挽救一个无辜者的生命时,我们恐怕很难不对这凶手说谎。但这并不是说说谎是件好事我们才这样做,而还是因为在这种情况下,在诚信之上还有一种更高的义务。毋庸置疑,谎言本身的性质都是不正当的,但从动机、后果和

在易卜生的名作《玩偶之家》(左)中,娜拉为了给丈夫海尔茂治病,瞒着他借债,无意中犯了伪造字据的过错。真相被泄露后,深怕自己前程受影响的丈夫大骂她是"坏东西""罪犯""下贱女人",引发夫妻二人之间深刻的矛盾直至娜拉离家出走。在评论家的眼中,娜拉是个具有个性解放思想的叛逆女性。她对社会的背叛和弃家出走,被誉为妇女解放的"独立宣言"。然而娜拉欺骗丈夫和伪造字据的行为确实引发了伦理上的某种难题:对丈夫说谎伤害了夫妻之间的信任,伪造字据更是于法不容;然而,从她当时所处的特殊情势来看,一切似乎又都情有可原。

托尔斯泰笔下的安娜·卡列尼娜(右)似乎更是一个具有道德争议性的人物:背弃婚姻的神圣契约,抛夫弃子、追求个人的自由和幸福于理似乎实在难容,但是敢于挣脱沉闷、窒息的家庭生活,大胆藐视鼓励通奸但禁止离婚的上流社会的道德观,听从自己内心力量的呼唤,岂不表明安娜具有常人所不具有的另一种求真的道德勇气呢,所以,老托尔斯泰一方面判她有罪,另一方面又对她怀有深厚的爱和同情。也许,这就是伟大的文学作品的力量之所在——对人性的欠缺所导致的人的悲剧性的命运和处境有着深刻的了解和同情。

程度来说,说谎者的恶意、恶劣后果及严重程度加重了这不正当,而说谎者的善意、有益后果与轻微程度却减轻了这不正当,从而使某些谎言在某些特殊情况下被谅解或允许。

　　当然,以上所述仍只是一些一般性的连接理论与实践的考察衡量,我们尚没有深入到某些特殊领域——例如政治领域的诚实问题、经济领域中的信誉和信用问题、某些特殊职业,例如医生对病人能够在多大程度上诚实的问题等等;也还没有就某些更具体的案例进行探讨,在这些更具体的探讨中有可能产生一些更具有针对性,也更为特殊的选择准则,这样,我们的道德行为选择就能在某种程度上依靠一种由普遍原则、一般规范和具体准则构成的体系,虽然它们的适用范围各有不同。当然,任何原则规范和准则都不会自动解决问题,对行为的道德选择最终还是要依赖于当事人对具体情况的具体分析,依赖其理性、明辨、智慧和良知。但是,人们的行为选择的情况总还是有某种共性,如果我们在事实方面承认人类的本性和处境也有某种共性,在价值方面承认所有人在人格上都是平等的,都应当受到平等对待,"类似情况类似处理"的原则就不会过时,就不应因"人我之别"而有不同,一种普遍主义的伦理原则就不仅是有必要的,而且还是有可能的。

五

道德义务

　　真正困难的不是逃避死亡,而是避免做不义之事;不义之事比死亡更难逃避。在今天的审判中,我这个迟钝的老人不能逃避死亡和危险,但聪明而敏捷的原告却不能逃避不义,不义比死亡更能毁灭人。

——柏拉图《苏格拉底的申辩》

《苏格拉底之死》(大卫,1787)

在法国画家大卫的这幅名作中,即将喝毒药赴死的苏格拉底手指天空,认为那是他最终的归宿。"我去死,而你们继续活着。哪个结局更好,只有神才知道。"他为了捍卫自己的信念而慷慨赴死,其人一生体现了一种高尚的义务伦理学的精神。

我们在本章中将从一个范例——苏格拉底在受审、羁狱和临死前对道德正当和义务的思考为例，探讨道德义务的性质，我们也要结合康德的观点来考虑对义务的认识和情感，以及履行基本义务的困难和高尚的问题。

1　一个反省和履行义务的范例

苏格拉底是古希腊雅典人，大约生于公元前 470 年，死于公元前 399 年，差不多正好目睹了雅典由盛转衰的过程。他的生活方式很有规律，有极强的忍耐困苦的能力，一年四季都是赤足行走，只披一件大氅。在他参加的战斗中，他都表现得非常勇敢和镇定，并几次救出自己的同伴。除了被征召远征，苏格拉底不大旅行，而是喜欢和各种各样的人说话，后来并发展出一套辩证和高超的谈话技术，他喜欢谈话的目的不是为了改变对方的意见，而是要获得真理。

苏格拉底(Socrates,前约470—前399)是最早的西方大哲,他一生没留下什么著述,却通过他的谈话展示了一种哲学思考的范例,而尤其是展示了一种真正哲学家的精神——永远在追究真理而不独断地占有真理。他把哲学"从天上带到人间",开启了西方人生哲学、道德哲学和政治哲学的深远源流,而苏格拉底最后的受审、入狱和赴死则犹如壮丽的日落。

他也不像其他有些智者那样收钱贩卖知识。据说富有的亚西比德有一次要给他一大块地基来造房子,他说"假如我需要鞋子而你提供给我一整张兽皮,那不是很可笑吗?"面对琳琅满目的许多商品,他对自己说:"没有这么多东西我照样生活。"

苏格拉底早年远离政治,不参与政治党争。但在晚年开始被卷入政治。公元前406年,雅典海军在一次战役中取胜,但据说因将军们的问题和恶劣的天气而未能及时打捞落海者以及战死者的尸体,后来雅典人决定要追究责任,由一次投票来共同决定8名将军的命运,苏格拉底其时正担任五百人大会的委员,甚至有一天还担任主席,他坚决反对这样的一次性的针对集体的投票,认为这违反了正常的法定程序。当与他意见一致的人在被威胁要同样被起诉的压力下被迫放弃自己的抵抗的时候,唯独苏格拉底一人坚持投了反对票。

第二次则是公元前403年他不服从"三十僭主"要求去逮捕支持民主的富有公民莱翁的决定,另外的四个受命的人去执行了命令,处死了莱翁,而苏格拉底却回家去了。这是一次类似于"公民不服从"(civil disobedience)的行为,如果不是"三十僭主"的统治很快被推翻了,他很可能那时就要为此付出生命的代价。从反对的对象看,第一次他是反对民主,第二次他却是反对僭主。但他反对的看来不是对人而是对事,不是看谁在统治,而是看怎样在统治。他反对的是那种不公正的统治和命令。

而到了公元前399年,苏格拉底终于因受到指控而受审,这些指控是:(1)不敬神。确切地说,是指控他创造了新的神,不承认城邦的旧神;(2)用自己的谈话和思想腐蚀青年。在法庭上,苏格拉底明显是持一种义务论的立场来为自己申辩的,而丝毫不顾及个人的安危和利益。他说:"如果你以为一个有价值的人会把时间花费在权衡生死的问题上,那你就错了。一个有价值的人在进行抉择时只考虑一件事,那就是他行动的是与非,他行为的善与恶。"他说一个人只要找到了他在生活中的位置,他就会正视危险,不惜付出生命和一切。而他具体谈到他的责任和使命则是:"我确信神指派我的职责是度过爱智的一生,检查我自己和他人,如果我由于惧死或怕担其他的风险而放弃神所委派的职责,这将极大地违背我的本性。"也就是说,他要过一种探求真理、反省人生的哲学家的生活,如果他愿意今后放弃这样的生活方式,他是不会被处死的。但他宁死也不会放弃这样的生活,他认为自己是在做正确的事。

苏格拉底被判死刑入狱以后,他的学生和朋友克里托来看他,劝告他逃离此地,说一切都可以安排好。苏格拉底面临的处境是:要么服从法律、服从判决,但那结果就是赴死;要么接受朋友的劝告和安排,逃到异邦,但这就意味着要规避判决、违背法律。但这种规避和违法并不是性质很严重的,因为即使苏格拉底的"罪名"属实,也本不致死,而且,按苏格拉底的说法,当时的民众"他们可以漫不经心地置人于死地,也可以满不在乎地给人以活路"。所以,如果他逃离确实并不会引起多少道德上的非议,甚至许多投票判决他死刑的人也不会太在意和追究。而且,苏格拉底和他的朋友深信这种判决是不公正的。那么,是否还有必要服从这种不公正的法律判决?此外,苏格拉底还有孩子和家庭要抚养,还有朋友已经为他做好了安排,准备了费用,如果他不让他们救他,他们的名声也会受到影响。克里托指出,大多数人不会相信在这种情况下苏格拉底还是不肯逃生。

苏格拉底强调,在这件事上作出判断的基本态度是首先不要为公众舆论或大多数人的意见所左右,而是必须诉诸知识和理性。他说我们必须考虑的是:对我来说试图不经官方开释而逃离这里是否正当。如果能证明这样做是对的,我们就应做出尝试;如果不能证明这样做是对的,我们就应该放弃这一念头。因为真正重要的不是活着,而是活得好。活得好则意味着活得高尚、正直。一个人不论在任何情况下都不应该做坏事,即便在被冤枉时也不应该做坏事,尽管大多数人认为这是理所当然的举动。一个人不应该以冤报冤、以罪报罪。至于费用、名声和抚养孩子的考虑,则都在其次。

苏格拉底接着提出了一些理由来说明自己不应当逃离,甚至功

对苏格拉底的全新描绘至今一直没有停止过。这幅创作于1897年的画描绘了他在雅典的大街上行走。

利的理由和明智审慎的观点也不是完全不予考虑,例如逃到异邦以后的生活也不会很愉快,名声也会受损等等。但主要的还是两个层面的理由。一个是对公民义务的考虑,一个是对自然义务的考虑。

有关公民尊重和服从法律的义务以及绝不伤害自己的母邦的义务,他说:如果我一直有离开雅典的可能,而70年来却始终住在这里,并享受雅典法律带给我的好处,那么我实际上就是和我的国家订有一种契约了,就是默认了我们国家的法律,承认了国家和这里的人们合我的意,尤其是娶妻生子,更说明我对城邦法律的满意。而现在当人们按照法律判处我死刑时,我怎么能当法律给我好处我就遵循它,判我死刑我就违反它呢。况且我在法庭上已承认审判的结果,这又是定约的证据,订约后转瞬背约,岂不是荒谬吗?所以我不能够逃走。我如果逃离,对城邦的法律就是一个伤害,使法律的普遍效力受到质疑等等,而这也就伤害到了以法律为其支柱的城邦了。而一个人本应当像尊重和服从父母一样尊重和服从他生于斯、长于斯的城邦——顺便说说,古代希腊的城邦远比现代国家对于个人的意义重大。当然,在这一范例中,苏格拉底谈到的他与国家的契约是以一种居住在这一国家的行动来默认这一契约,这种默认一般是应当以有迁徙的可能和便利为前提的,苏格拉底的这种"隐涵"的承认即负有如此义务的观点,无疑是对公民义务的一种高要求。

在有关一个人的自然义务,即一个人不仅作为政治社会的成员,而且是作为一个人的义务方面,我们可以在公民应当遵守他与国家、法律所订的契约这一原则后面发现一些更一般的道德原则规范：像任何人都必须忠实、必须信守自己的诺言；绝不应伤害他人，哪怕在自己受到伤害之后也是如此；一个人在任何情况下都应只做正当的事等。苏格拉底所感到的自身所必须承担的一种特殊职责和使命也起了作用，从而他必须以死来证其生，必须以死来显示其生命的意义，必须以一种最严格彻底的"公民的服从"来显示一种最伟大的"精神不服从"。

2 对义务的敬重心

我们在苏格拉底的例证中已经看到了对待义务的一个典范，我们现在要更深入地讨论对义务的态度和情感，在此，我们想结合康德的观点来展开论述。康德是义务论的著名代表。他认为世上除了"善良意志"之外，没有绝对的、无条件的、本身即好的东西。然而，在人那里，这一"善良意志"实际就是"义务心"，因为人并非上帝，并不可能从心所欲，任意挥洒都是"正当行为""全善之举"，人心中还有许许多多的欲望、喜好，这些欲望、喜好都可能对真正的道德行为构成障碍和限制，正因为在人心里有这些障碍和限制，"正当"也就要变成"应当"，对人构成命令，构成义务，而非生性所自然，心灵所本悦，这并非是说义务与人性就没有相合处，而是说，只要有哪怕一丝不合，从原则的普遍性着眼，也就必须以绝对命令的形式表现,必须作为义务向人们提出,说"你勿……""你应当……",而非说"吾欲……""吾悦……"。人必须克服自己的种种主观障碍和限制,摆脱喜好和欲望,而纯然出自对义务的敬重而行动。这一对义务的敬重也就是"义务心",只有纯然出自义务心的正当行为才是不仅合法,也合乎道德的行为,只有这样的行为才具有道德的价值。

(胡雯绘)

　　一个凶手正在追杀一个无辜者,这时候有一个人正好目睹了无辜者藏在什么地方。凶手就问这个人:"你看见一个人往哪里跑了?"这个人该怎么办?一个中国的哲人也许会说:应该欺骗救人;而康德却断然否定说:即便无辜者的生命受到威胁,也不应该骗人。

可见,"**义务心**"就是内心对义务的敬重和推崇,从一个行为者的角度看,就是一事当前,不问自己的一切欲望、喜好和利益,而只自问:"这是否是我的义务?"只要我确信是我的义务,我就必须履行,否则就予搁置。在我的心里,义务的分量最重,义务优先,义务第一,打个比方说,义务如军令,而"军令如山倒",在义务面前,其他一切理由都要计路。康德解释说,这种对义务的"敬重"虽然是情感,但不是受外来影响的情感,而是由纯理的概念自己养成的,所以与爱悦与恐惧等外界原因引起的情感不同。

那么,这敬重意味着什么呢?敬重的对象实际上是什么呢?它是怎样产生,又具有怎样的意义呢?这敬重首先意味着贬抑我们的自负心。人的全部好恶都可以说是"利己心",这种利己心又可分为两种:一是对自己的过度钟爱,即自私;一是认为自己有立法权力,而把自身看做是无须受制约的,即自负。在纯粹的实践理性看来,自私原是人的天性,甚至在道德法则之前就已发生于我们心中,所以它只把自私加以规范、加以限制,使之与道德法则相符合,然而对于自负,它却要完全将之压制下来。我们只有贬抑自身,才能唤起我们的敬重心来。但这并不意味着敬重心只是消极的、否定的,因为贬抑的同时就是高扬,在贬抑感性和好恶的同时,就高扬了理性和法则。

所以,对义务的敬重也就是对道德法则(或者说道德原则、道德律)的敬重,当道德法则的表象在我们心中出现的同时,我们也就产生出一种对法则的敬重之情。对法则的理性认识和敬重之情是相伴而行的,一种潜在的敬重总是与法则的表象结合在一起的,如影随形,所以说,敬重是一种纯粹由理性产生的感情,而不是如恐惧与爱悦一样是由外界原因产生的感情。道德法则直接唤起我们的敬重心,它本身就是我们的敬重心产生的原因,我们对道德法则的敬重是它在我们的心灵上产生的效果。虽然道德法则何以能直接唤起我们的敬重心并不为我们所知,但我们清楚地知道,不是说因为我们敬重法则,法则才普遍有效,而是因为法则普遍有效,我们才敬重它。我们由此也可看出,客观、普遍的道德法则是第一位的,而主观的敬重之情是第二位的,虽然"敬重"是康德唯一一种在道德上推崇的感情。

敬重总是只施于人而永不施于物。敬重是对人的德性的尊敬而非对人的才能的惊羡。敬重远非一种快乐的情感,但却最少痛苦。这就像我们的先人所说的:尽自己的义务并非是为了自己得到快乐,甚至不是为了别人的快乐(有时从这义务得利的并非是我们喜欢的人),而只是为了使自己"心安"。

对道德法则的敬重心乃是唯一的、无可怀疑的道德动机,客观的道德法则正是通过敬重才成为我们内心主观的行为准则、成为直接的行为动机。敬重是一种使普遍法则变为个人行为准则的一种"道德关切"。而"动机""准则""关切"这三个概念,都只能施用于有限的存在者上,因为它们全都以一个存在者的狭窄天性为其先决条件,这些概念不能够用在神的意志上。亦即:谈到义务,就离不开人,谈到义务就意味着有限制要突破,有障碍要克服,而这些限制和障碍就来自人的感性存在。人不是神,人不能生来就自然而然、满心愉悦地实行道德法则,这法则并非他的本性法则。人通过艰苦的努力,不懈的坚持,功夫纯熟之后,也许会使敬重转为爱好,但对法则纯粹和完全的爱悦仍然是人很难达到的一个目标,尤其是不能够一开始就以为自己能凭借某种道德灵感突入"圣域"。

有经由对义务的敬重所达到的道德境界(往往要经过长期的磨砺),也有那种个人心灵突然进入的神秘主义感受,两者都涉及进入一个很崇高的精神境界,但后者从进入的路途到最后达到的状态都不是很明确的,且看来只为极少数"特选者"所专有,而前者是每一个人都可进入的,只要他在非常困难的情况下仍坚持履行自己的义务,他就会在自己的心里发现这样一种感受:不论我多么卑微、多么软弱,但只要我能够在任何情况下都遵守义务的命令,就使我上升到了接近于与法则同一的地位,使我感到了自己身上还有超越自身的东西,这东西就是我的高级天性,就是使我得以摆脱由我的感性存在带来的自然机械作用而独立的理性。

我确实是敬重,甚至是敬畏法则,就像我对我头顶苍穹的无限星空表示敬畏,那不是作为感性存在的我所能控制的,甚至那神秘也不是我的知识理性所能洞穿的,我感到敬畏,然而,这敬畏是我的敬畏,我能够敬畏,而一个没有理性的动物是没有这种敬畏的,这种敬畏甚至本身就指示出我的另一种生命,指示出我还有另一种敬畏,即对心中道德法则的敬畏,这两种敬畏有相通之处,然而,如果说第一种敬畏主要是贬抑人的自负,第二种敬畏却还提高人的自

在根据许地山的同名小说改编的电影《春桃》中,年轻的春桃与李茂结为夫妻,但在新婚之夜被土匪冲散。李茂下落不明,流离失所的春桃与难民刘向高相识,二人相依为命,以捡破烂为生。三年后的一天,春桃在街上偶遇在军阀混战中失去双腿、沿街乞讨的李茂,便把他领回家加以照料,从此三人同栖一室,引发诸多困境,期间春桃所深爱的刘向高出走,李茂也为了将春桃从照顾自己的重负中解脱出来而试图自缢,终为春桃所救。

在这个充满了中国式的人情味和伦理观的故事中,春桃无疑是某种道德力量的化身,她与刘向高乱世相识,患难情深、相依为命,同居一室,却从无逾越礼制的行为,因为她的心里是把自己当作有丈夫的人的;她与李茂只有夫妻的名分而无夫妻的情分,但是见到他落难身残,仍旧不离不弃,履行一个妻子的义务和责任。她肯定没有读过康德和孔夫子的圣人教谕,但她仍然是一个不折不扣的"义务论"者,笃心诚意地遵守传统的道德法则,不畏艰苦地履行自己的道德义务,因而,虽然她没有读过几天书,道德的境界却远非一般人所能达到,但也遇到了难以解决的道德困难。

信:我能够循道德和信仰超越我的感性存在的限制而向着无限飞升。

对义务的敬重心揭示了人的两重性:人既是一个感性的存在,又是一个理性的存在,他同时属于感性与理性两个世界:一方面受着自然的因果律支配,不由自主;另一方面又能够自身开创一个系列,自我立法。所以,敬重义务也就是敬重法则,而这法则由于实际上也是人自己制定的,所以,敬重法则又等于敬重自身,敬重自身是人的高级天性,相信人能凭借这一高级天性超越自身的有限性。

有一个真实的故事也许可以被我们用来说明康德心目中的道德楷模和进路,也颇能说明对义务的敬重是怎么一回事。这故事说的是有一个人,办了一个小银行,吸收了一些小额存款,然而,由于某些他本人无法料到的情况,在一次席卷范围很广的金融危机中,这些钱全都损失了,银行不得不宣告破产。于是,他带领他的家人,决心在他的余年通过艰苦的工作和节衣缩食,把这些存款全都退还给储户。一年年过去了,一笔笔退款带着利息陆续被寄回原先的储户,这件事感动了储户们:因为他们知道,银行的破产完全是一个意外,而并非这个人的不负责任或有意侵吞,他们虽然因此都遭受了损失,但这损失摊在许多人身上毕竟不是很大,比较容易承受,而摊在一个人身上却是非常沉重的。何况,这个人的努力偿还的行为已经证明了他的内疚和善意。他们便联合请求这个人不要再偿还欠他们的存款了。然而,这个人却认为还清欠款是他的义务,他只有履行了自己的义务才会感到心安,他照旧坚持不懈地做下去,为此放弃了许多生活中的欢乐,没有闲暇,没有另外创立事业的可能,这件事就成了他一生的使命,他精神专注、心无旁骛、锲而不舍、高度虔诚地只是做好这件事,终于,他寄回了最后一笔存款,这时,他已经精疲力竭了,接近了生命的终点,他在这一生没有实现自己年轻时就怀有的远大抱负,没有创立什么辉煌的事业,因为他的后半生完全被拖进了这件事,他似乎只是被动地、不断地在一个个命令的召唤之下活动:"还钱!""还钱!""还钱!"然而,与他所做的这些平凡的事情相对照,是否还有比这在道德上更辉煌的业绩呢?与他这些看来似乎被动的行为相对照,是否又有什么行为比这呈现出更崇高的道德主体性呢?

"还清别人存在你这里的钱款",这确实不是什么很高的要求,而是做人的一个基本义务。平常做到这些事情也并不难,但有时候却很难很难——例如处在上面发生的那种情况之下。这时,能否履行这一义务,就有赖于对义务的一种敬重心了。在通常的时候,明智、利益、爱好可能都会支持自己去履行义务,比如说对自身信用的要求而还清欠款,但当我们遇到上述情况、遇到履行义务将把我们投入非常窘迫的境地,甚至像苏格拉底那样带来死亡时,诸如明智、爱好一类动机就会悄然撤退,我们就必须独自依靠我们对义务的纯然敬重之心来坚持履行自己的义务。

所以,康德强调义务心的纯粹性,强调它与爱好、喜悦无关,而只是对义务的敬重,认为我们只能从对法则的敬重心中汲取动力,义务并非赏心乐事,义务在这方面带给人的主要是心灵的平静和安宁。欢悦至多是履行义务中的副产品,而且这副产品也并不总是出现,而如果在履行义务中始终期待着快乐,甚至以它为目的,那就会把人引向危险的方向,离真正的道德越来越远。

当然,我们不应否认在正常情况下,一个主体伴随有快乐的义务行为可能也有道德价值,但这一行为之所以有道德价值,还是因为在这主体那里存有对义务的敬重心,而不是因为他感到快乐。这里的关键是,只有强调对义务的纯然敬重心,强调要以它作为道德行为的动力,才能够使义务圆满、原则一贯,命令也确实是绝对命令。义务决非是我们喜欢就履行,不喜欢就可以不履行的事情,虽然我们大多数人在大多数情况下都可能愿意履行我们的义务,甚至乐意履行我们的义务,但我们确实都可能碰到我们也许不愿意履行这义务、履行它们甚至将给我们带来痛苦的少数特殊情况,如果说这时候就可以不履行义务(这时不履行确实常常能得到人们的谅解),那么,义务的普遍性、原则的一贯性、命令的绝对性又从何谈起?在这样一些特殊情况下,道德主体所能依赖的也就是对义务的纯然敬重之心了,而使他在正常情况下的义务行为具有道德价值的也是这种敬重之心,只是在这特殊情况下这一敬重心更单纯、更明显、让我们看得更清楚罢了。也正是在这样一些特殊的时候,一种平凡的履行义务的行为会突然间放射出奇异的光彩,使目睹这一行为的人们的心灵也深深地为之感动,而这一行为的主体也由此进入了一个崇高的道德境界,就像我们在上述"偿还欠债"的例子中所见到的一样。

3　基本义务的履行

一种普遍主义的底线伦理学,也就是一种试图阐述现代社会所有成员都应遵守的基本义务之内容、范围和根据的伦理学。而我们不仅可以对道德义务规范的性质和要求的高度与强度作一种"底线"的理解,对这类道德规范的范围似也可作一"底线"的理解,即它不能包括太多的内容,而应当主要由那较少的、但对人类和社会却是最重要、最为生死攸关的规范构成。这样,它所理解的道德义务,就主要表现为一些基本的禁令。

在我们看来,孔子"己所不欲,勿施于人"的忠恕之道,是对底线伦理的基本义务的一个较抽象的原则性概括:"你不想别人对你做的事情,你也不要对别人做",或者用一个正面的说法:"你想要别人怎样待你,你也要怎样待别人",即所谓"金规",这一正面说法也可用中国传统的语汇说即"人其人!"也就是"以合乎人性或人道的方式对待人"。这意味着要平等地尊重和对待所有人、所有生命。它的要义是不允许任意强制,不允许违背他人意愿对他们做某些事情,不允许那些自己或某一部分人可以例外的对他人的强制。我们可以把上述从不同方面表述的行为原则视作是基本的道德义务原则。

相应地,也就可以从这一"己所不欲,勿施于人"的原则中逻辑地产生出一些最重要的推论:你不想被杀、被偷、被抢、被骗、被伤害和凌辱,那么,你也不能如此对别人做这些事。由此就可以概括出四条主要的禁令,或者说四条最重要的义务规范:不准杀人、不准盗窃、不准奸淫和不准说谎——最后一条特指那些造成对他人和社会利益重要伤害的说谎,如作伪证、经济诈骗等。

当然,它们是最基本的规范,千百年来早就存在于人们的生活之中,也明文载于可说是所有国家的法律,所以既是道德规范,也是法律规范,但是仍有反复申明和论证的必要,因为违反它们的危险不仅来自个人,也来自集体,如种族之间的冲突;也不仅出自物欲和利益的动机会引起对他人的伤害,被某些观念、理论、意识形态或宗教教义所误导的人们,也同样有可能,甚至更有可能造成大规模的人间灾难,这一点,我们很容易在 20 世纪的历史中得到验证。至于进一步或者说更全面的道德义务的列举和分析,或者说从其他角度对义务的分类,有很多论述可供参考,比方说,我们可以参照康德、罗斯等对义务的分类。

前述康德捍卫义务心的纯粹性和崇高性是为了保证一种不混杂的道德,一种不随人喜好的道德。不过,我们也始终不可忽视,康德所说的义务还有一种基本的、起码的性质。只有这样,道德法则的普遍性、严格性和一贯性才能置于一个坚实的基础之上,过高的道德要求是难于普遍化的。康德在《道德形而上学基础》中指出了四种基本义务,其中,保存自己的生命和信守对别人的诺言是完全的义务,而发展自己与帮助他人则是不完全的义务。在后来的《道德形而上学》中,康德对义务的分类更为细致了,但划分的基本方向还是遵循对己和对人、完全和不完全的原则。在这些义务中,并没有圣洁的要求,而只是一些很基本的规范,例如:要求人对自身不要自我戕害、自我玷污、自我陶醉,不要说谎和阿谀,要充实、提高和发展自己;对他人要守约、感恩、援助,不要骄傲自大、造谣中伤、冷嘲热讽等。但是,我们从"义债"的例子可以看到,一个人可以通过坚持履行这些基本义务而进入一个多么崇高的境界——一个我们怀疑是否有比这更崇高的道德境界。

当代义务论的著名代表罗斯(Ross)所列的六种"显见义务(prima facie duties)"也具有这种基本的性质,这六种义务是:

(1)诚实、守诺与偿还;

(2)感恩的回报;

(3)公正;

(4)行善助人;

(5)发展自己;

(6)不伤害他人。

其中最后一种"不伤害他人"最优先、最具有强制力。评论者认为:这在许多方面类似于一个摩西十诫的摹本。而我们同时还注意到,在这些义务中,有很大一部分将因其对他人影响的严重程度而同样也要纳入法律的范畴,若违反就要受到强制或惩罚。

我们要敬重的主要也就是这些义务,它们确实是值得我们每一个人无保留、无条件地予以尊重的。我们所论的虽然是一种一般的

五　道德义务 | 141

英国BBC电视台历史频道所拍摄的圣经故事中的"摩西十诫"。"摩西十诫"又称"十诫",传说是神在西奈山的山顶亲自传达给摩西的,是神对以色列人的告诫。神本人将这些话刻在石碑上,送给摩西。但后来摩西看到族人根本不听从这些诫条,一怒之下就将石碑毁了。神又命令摩西再作新的石碑,完成后,放在约柜里。十诫包括孝敬父母,不可杀人、不可奸淫、不可偷盗等内容,是基督徒的基本行为准则。它世代流传,影响深远,是以色列人一切立法的基础,也是西方文明核心的道德观。

敬重心，但一些基本的义务在历史的发展中实际上已经具有了共同承认、不证自明的内容。我们的祖先常常说到"无所逃于天地之间"的"应分""天职"，就点明了这种基本义务的分量。我们还可以从另一个角度把这些基本义务分为两类：

第一类是自然义务，这是由我们作为一个自然人的性质而产生的，例如，我们生为一个人，幼年有赖于父母的抚养，成长过程中得到其他许多人的关怀照料，我们一生无形中受赐于我们的同类的好处，更多有我们所不自觉的方面。正如康德所说："我们只要稍一反省，那我们就总会看到自己对于人类有一种亏欠。"再没有什么比一个总是愤愤不平、觉得别人全都亏待了他的人更让人感到可笑和绝望的了。

所以，人生而为人，就有一种人的天职，他就要在自己能力的范围内，也为这个世界、为其他的人做些什么。他所食所用、所喜欢、所看重的一切都不是从天上掉下来的，必有人为之付出了劳动，即使这些均为自然界所赐，他对这自然界也负有一种义务。所以，王通会亲自耕作，并说："一夫不耕，或受其饥，且庶人之职也。无职者，罪无所逃天地之间。吾得逃乎？"甘地再繁忙也会每日纺完一定分量的纱才安心入眠。第二次世界大战中的马歇尔将军，曾对一个与他一起高度紧张地工作了一整天的部下说："今天你挣到你的饭了。"这不是赞赏，却胜似赞赏。有什么能比"我履行了我的职责"更让人感到欣慰和骄傲的呢？

当然，那要是真正的义务，是性质上属于自律的义务。我们可能久已忽略了我们的义务,人们在一种责、权不明的体制中常常会习惯于只是伸手,只是要求利益均沾而忘记了自己的义务,他们甚至很少再体会到真正紧张的工作之后的轻松及成就感,其实这才是做人的真味。今天社会分工日益细密,我们自然不可能、也没有必要事事躬行,但我们必须清楚,做人就有做人的一分义务,我们要敬重这分义务才不失为人。一个人年轻时常有种种建功立业,泽惠一乡、一市、一省乃至全民族、全人类的宏图大志,如果他也知道从最基本的义务做起就更好了。这义务就是视他人和自己一样,都作为人来尊重、来对待,不伤害无辜者,不侵犯他人的正当权益,努力做出相应于自己所得的贡献等等。

第二类是社会义务,也就是较专门的、较狭义的由一种社会制度所规定的义务。我们也可以把这类义务称之为狭义的"责任"(obligations),因为它常和制度所给予个人的职务、地位有关。这样,在一个立宪的国家里,所有的公民就要承担公民的义务,而其中担任各种职务的官员,除一般的公民义务之外,还要承担相应于他们的权力地位的各种特殊政治职责。

第一类自然的义务不受基本制度的影响,是我们在任何社会里都应该履行的。而第二类狭义的社会义务则对制度有要求。比方说,原则上社会义务都是要求个人应安于其分,履行其职责,但这"分"是不是安排得公正合理,就在很大程度上决定了个人的职责是否合理,是否能够顺利履行。所以,在这方面,对社会制度是否正义的考虑将优先于个人的政治义务。

阿道夫·艾希曼（1906年3月19日—1962年6月1日），纳粹德国高官，战争罪犯。他曾向纳粹方面以经济理由反对将犹太人移往巴勒斯坦的计划。1942年艾希曼出席万湖会议，被任命负责屠杀犹太人的最终方案，并且晋升中校；将犹太人移送集中营的运输与屠杀作业大部分都是艾希曼负责。对纳粹这个"共同体"而言，艾希曼无疑是尽职尽责甚至"出色"地履行了自己作为一名党卫军军官的职责，这也是他在战后接受审判时为自己开脱的主要说辞：屠杀和迫害犹太人仅仅是执行命令。

艾希曼的故事引发了这样的思考：政治义务是否有性质上的对错之分？公民是否必须无条件地履行自己的政治义务？当社会政治制度整体上不正义之时，公民是否还必须无条件地履行自己的政治义务？

换言之，我们每个人都应该在社会体系中各安其分，各敬其业，但是，我们更有必要通过社会制度创造出一个能够使每个人各得其所，各尽所能的基本条件，即创造出一个公正的社会环境，也就是说，大家都要守本分，以尽职尽责的精神做好自己的事情，而政府也要守本分，确定自己恰当的权力范围，保障各阶层、各个人的正当权利和利益不受到侵犯。所以，康德在《道德形而上学》中把社会公正与个人义务并提，把权利论与德性论视为不可分割的两部分，并且优先讨论权利论等等，这些都是发人深省的。但是，无论如何，制度的不公正即使有时有可能勾销一个人的政治职责,却仍然不能够勾销一个人的自然义务。

对这些基本义务的履行看来是非常平凡的事情。我们并没有增添什么,它们都是做一个人的本分,做一个社会成员的应分,所提出的要求只是"本分",只是"尽职"。这是和人的有限存在较适应的,"比较合于人类的弱点和其道德向善的过程"。究竟是对高尚豪侠的行为的向往,还是对庄严的道德义务的敬重更能鼓舞人呢?康德认为后者有着更大的推动力。问题还在这种义务不可缺少,如果违反了这个义务,就破坏了道德法则本身,把法则的神圣性给践踏了。而如果我们不惜牺牲自己衷心爱好的事物而力求尽自己的天职,就把自己提升到了如此的高度——就好像使自己完全超出了感性世界而获得了自由,完全超出了凡俗而接近于神圣,我们如果努力去体会这一点,我们就可以从我们心中获得一种最深厚,同时也最纯粹的道德动力。

所以,我们完全可以在仅仅履行我们的基本义务中进入一个崇高的境界,造就一个崇高的人格。这种崇高性就在我们对日常平凡义务的坚持不懈的履行中表露,就在我们不惜牺牲一切爱好而仍履行义务的边缘处境中展现。这种崇高性和平凡性与人类作为理性存在和感性存在的两重性有关。

我们都是有缺陷、有弱点的人,我们面对普遍的法则感到自身的卑微,感到衷心的敬畏,这法则确实是毫不容情,决不妥协的,我们必须勉强自己、鞭策自己,使自己受它的约束。我们是在服从命令,但我们又确切地知道,我们实际是在服从我们自己发出的命令,服从从我们自身最好的那一部分发出的命令,服从我们的人性中神圣的那一部分发出的命令,但这一部分和我们身上较低的另一部分又决不是分离的。我们将由我们自身订立的法则引导,超越有限的感性存在,而配享真正的福祉。这就是康德所说的:"人类诚然是够污浊的,不过他必须把寓托在他的人格中的人道看做是神圣的。在全部宇宙中,人所希冀和所能控制的一切东西都能够单纯用作手段;只有人类,以及一切有理性的被造物,才是一个自在目的。那就是说,他借着他的自由的自律,就是神圣的道德法则的主体。"

康德在强调超越的同时也强调人的有限性,所谓"义务",所谓"命令",所谓"法则",所谓"敬重",所谓"关切"等等,都是以一个存在者的有限性为先决条件的。"义务"就意味着约束,"命令"就意味着被约束的对象有可能不服从,"法则"就意味着要对义务作一种具有普遍效力的概括,"敬重"就意味着法则也有外在的、异己的,或者说"不容己"的一面。法则确实是"自律"的,但又是"律己"的,它有毫不含糊的"律"的意思:即约束、规范、限制,而这一切都是因为"人的有限性"。虽然准确地说应该是"人是一个能够追求无限的有限存在物",但我们这里要特别指出这后一个方面,即"人的有限性"。正是因为注重"人的有限性",所以,在康德那里,道德人格的理想并非是能与天地契合无间的圣人,而是能在任何情况下都恪守自己义务的普通人,达到这一理想也主要不是通过自我修养或道德小团体的切磋,而是通过作为社会一员的人们始终一贯地敬重自己的义务,履行自己的职责。而且,作为社会的一员,一个人即便思慕和追求一种道德的崇高和圣洁,也须从基本的义务走向崇高,从履行自己的应分走向圣洁。

总之,社会应安排得尽量使人们能各得其所,这就是正义;个人则应该首先各尽其分,这就是义务。而且,当在某些特殊情形使履行这种基本义务变得很困难,不履行别人也大致能谅解的时候,仍然坚持履行这种义务本身就体现了一种崇高,我们甚至可以说这是现代社会最值得崇敬、最应当提倡的一种崇高。这种**道德义务**与其说告诉我们要去做什么,不如说更多的是告诉我们不去做什么,它也并不意味着我们做什么事都想着义务、规则、约束,而是意味着不论我们做什么事,总是有个界限不能越过,我们吃饭穿衣、工作生活的许多日常行为并不碰到这一界限,但有些时候就会碰到——当我们的行为会对他人产生一种严重影响和妨碍的时候,这时就得考虑有些界限不应越过了。换言之,我们做一件事的方式达到一个目的的手段总不能全无限制,而得有所限制,我们总得有所不为而不能为所欲为。这就是我们想通过"道德义务"所要说的主要的话。

六

道德情感

　　恻隐之心,人皆有之;羞恶之心,人皆有之;恭敬之心,人皆有之;是非之心,人皆有之。恻隐之心,仁也;羞恶之心,义也;恭敬之心,礼也;是非之心,智也。仁、义、礼、智,非由外铄我也,我固有之也,弗思耳矣!

——孟子

《拉奥孔》(阿格桑德罗斯等,约公元前1世纪)

特洛伊城的祭司拉奥孔因为亵渎神灵而招致神的降罪,神让两条巨蛇绞杀了他和他的两个儿子。这幅雕像作品表现了拉奥孔和两个孩子临死前的痛苦挣扎。

在这幅歌德评价其以高度的悲剧性激发起人们的想象力的作品面前,有知觉的人们都会被唤起种种强烈的情感,紧张、震惊、赞叹、还有深深的怜悯,怜悯三个将死之躯的痛苦和绝望。这种道德情感源于人感知其他生灵痛苦和不幸的能力。

六 道德情感

我们在本章阐述道德情感的性质、特征和意义。我们首先想察看西方学者亚当·斯密和卢梭对同情与怜悯的阐述。然后要通过当代生活中的一个实例来说明道德情感缺失的危险,最后我们想结合中国古代儒家所说的"恻隐之心",来说明这种基本的同情心作为道德源头和动力的蕴含和意义,以及及早培养道德情感的重要性。

1 同情与怜悯

亚当·斯密是有关同情心的一个主要阐述者。他一生主要著有两部书:一部是《道德情操论》;另一部是《国民财富的性质和原因的研究》(下简称《国富论》)。后人一般都认为《国富论》更为重要,他因此被视作是现代经济学的开创人。而他自己则更重视《道德情操论》。这两本书前一本是强调人的同情心,而后一本书是强

亚当·斯密(1723—1790),经济学的创立者,"现代经济学之父"和"自由企业的守护神"。主要著作有《国富论》和《道德情操论》,它们不仅是亚当斯密进行交替创作、修订再版的两部著作,而且是其整个写作计划和学术思想体系的两个有机组成部分。两本书在论述的语气、论及范围的宽窄、细目的制定和着重点上虽有不同,如对利己主义行为的控制上,《道德情操论》寄重托于同情心和正义感,而在《国富论》中则寄希望于竞争机制;但对自利行为的动机的论述,在本质上却是一致的。

调人的自爱心,两者似有矛盾,但是这两本书的分立实际上正好表现了人的两面性,即一方面人是更关心自己的,自爱自利的;另一方面人也有一种同情别人,从而对自己的行为进行反省和自我节制的能力,这种同情和自制是通过设身处地、与自己心灵中的"一个理想的旁观者"发生共鸣,从这个第三者的观点进行观察来实现的。

虽然斯密认为人的自爱本性是更为根本的,但他不同意孟德维尔把自爱说成是自私自利,说成是恶,然后说正是恶造成了善(公益)的观点,斯密宁可把自爱看成是道德上中性的。他也不是主张人们可以在经济活动中为所欲为,或者说,无论人们怎样追求自律都会促进公益,斯密实际上是提出了某些限制和约束条件的,这些限制条件可以分为两个方面,一方面是制度的约束,另一方面是对个人的约束,即前述的鼓励人们的同情心和要求自制。

《道德情操论》叙述的主要是涉及个人的道德心理学或情感心态学,但它仍然是围绕着行为的适当与合宜性,围绕着正义与德性展开的。它并非全面地论述人的精神世界或心灵最高境界,但还是比较广泛地描述了人的心理和感情状态。在这本书中,斯密主要是从个人情感的角度来观察人而不十分注意其理性。他所说的"同情心"不仅包括同情他人的痛苦和不幸,也包括分享别人的快乐和愉悦。亦即,这里所说的"同情心"是一种人与人之间的全面的同情和共鸣,即不仅包括负面的感情:如共同感受悲哀、忧伤、失望等,也包括正面的感情:如共同感受欢乐、美好、希望等等。这种人与人之间全面乃至相当亲密的感情亚里士多德也曾在《尼各马可伦理学》中作为"友爱"的题目专门论述过,但是,这种"友爱"还是比较个人化、人格化的,而亚当·斯密所论述的"同情心"却是比较普遍的、社会的、作为人性成分的一种感情。

斯密认为:怜悯或同情是人的本性的一个要素,这种同情就是当我们看到或逼真地想象到他人的不幸遭遇时所产生的感情。它同人性中所有其他的原始感情一样,决不只是品行高尚的人才具备,即便是最大的恶棍,极其严重地违犯社会法律的人,也不会全然丧失同情心。

我们是通过一种设身处地的想象力来感知别人的境况和感情

的。通过想象,我们设身处地地想到自己忍受着所有同样的痛苦,我们似乎进入了他的躯体,在一定程度上同他像是一个人,因而形成关于他的感觉的某些想法。而且,这里可能更重要的还是对别人的处境能够感同身受,所以对并不知晓自己不幸的人如傻子、精神病人我们也会感到同情。

正是通过这种**同情**共感,引出了人们的美德。两种不同的努力确立了两种不同的美德:一种是旁观者努力体谅当事人的情感,在这一种努力的基础上,确立了温柔、有礼、和蔼可亲的美德,以及公正、谦让和宽容仁慈的美德;而在当事人努力把自己的情绪降低到旁观者所能赞同的程度的基础上,确立了崇高、庄重、令人尊敬的美德,即自我克制、自我控制和控制各种激情的美德。

但是,在斯密看来,虽然"同情"这个词,就其最恰当和最初的意义来说,是指我们同情别人的痛苦而不是别人的快乐,但用来表示我们对任何一种激情的同感也未尝不可。一般人会觉得:人们对悲伤表示同情的倾向必定非常强烈,而对快乐表示同情的倾向会极其微弱。但斯密断言:在不存在妒忌的情况下,我们对快乐表示同情的倾向比我们对悲伤表示同情的倾向更为强烈;同在想象中产生的对痛苦情绪的同情相比,我们对令人愉快的情绪的同情更接近于当事人自然感到的愉快。这可能是由于人趋乐避苦的天性。

卢梭不同意这一点,他更强调同情中对负面情感的感受,或者说**怜悯**。我们这里不涉及宗教的怜悯,而只是谈道德的怜悯,对于这个话题,卢梭是一个合适的人选。他认为:我们之所以爱我们的

卢梭(1712—1778),法国18世纪伟大的启蒙思想家、哲学家、教育家、文学家,是法国大革命的思想先驱,杰出的民主政论家和浪漫主义文学流派的开创者,启蒙运动最卓越的代表人物之一。主要著作有《论人类不平等的起源和基础》《社会契约论》《爱弥儿》《忏悔录》《新爱洛漪丝》《植物学通信》等。

同类,与其说是由于我们感到了他们的快乐,不如说是由于我们感到了他们的痛苦;因为在痛苦中,我们才能更好地看出我们天性的一致,看出他们对我们的爱的保证。如果我们的共同的需要能通过利益把我们联系在一起,则我们的共同的苦难可通过感情把我们联系在一起。人之所以合群,是由于他的身体柔弱;我们之所以心爱人类,是由于我们有共同的苦难。当孩子还不能想象别人的感觉时,他只能知道他自己的痛苦;但是,当感官一发育,燃起了他的想象的火焰的时候,他就会设身处地为他的同类想一想了,他就会为他们的烦恼感到不安,为他们的痛苦感到忧伤。正是在这个时候,那苦难的人类的凄惨情景将使他的心中开始产生他从来没有体验过的同情。

在卢梭看来,怜悯,这个按照自然秩序第一个触动人心的相对的情感,就是这样产生的。为了使孩子变成一个有感情和有恻隐之心的人,就必须使他知道,有一些跟他相同的人也遭受到他曾经遭受过的痛苦,也感受到他曾经感受过的悲哀,而且,还须使他知道其他的人还有另外的痛苦和悲哀。要启动怜悯之心,感觉他人的痛苦和悲哀,就有必要把自己同那个受痛苦的人看做一体,替他设身处地地着想。

卢梭把上面阐述的种种看法归纳成三个明确的原理:

原理一:人在心中设身处地想到的,不是那些比我们更幸福的人,而只是那些比我们更可同情的人。

原理二:在他人的痛苦中,我们所同情的只是我们认为我们也难免要遭遇的那些痛苦。

原理三:我们对他人痛苦的同情程度,不决定于痛苦的数量,而决定于我们为那个遭受痛苦的人所设想的感觉。

但和亚当·斯密一样,卢梭也同时很强调人心中的另一种情感:自爱。他甚至认为自爱比同情更为根本,他说:我们的种种欲念的发源,所有一切欲念的本源,唯一同人一起产生而且终生不离的根本欲念,是自爱。它是原始的、内在的、先于其他一切欲念的欲念。小孩子的第一个情感就是爱他自己,而从这第一个情感产生出来的第二个情感,才是爱那些同他亲近的人。

卢梭并且肯定自爱的价值，说自爱始终是好的，是符合自然的秩序的。由于每一个人对保存自己负有特殊的责任，因此，我们第一个最重要的责任就是而且应当是不断地关心我们的生命。但是他也区别自爱与自私，说自爱与自私不同。自爱心所涉及的只是我们自己，所以当我们真正的需要得到满足的时候，我们就会感到满意的；然而自私心则使我们总是同他人进行比较，所以从来没有而且永远也不会有满意的时候，它也使我们顾自己而不顾别人的时候，还硬要别人先关心我们然后才关心他们自身，而这是办不到的。换言之，我们也许可以说，自爱者主要关心的是自己是否过得好，是主要通过自己的努力来达到这一目的；而自私者则还总要和别人去比，是要别人为自己服务。

总之，一个有道德的人并不是要禁绝对自己的合理关怀或自爱，而是要防止这种自爱逾越自己的限度，变成一种对他人的痛苦和不幸无动于衷的情感，而尤其要防止它成为别人痛苦和不幸的原因。

2　道德情感缺失之一例

下面是一位同学在为伦理学课期末考试提交的论文中所引的一篇"凶手自述"（原刊于《法制日报》），它从反面告诉了我们，一个人如果全然丧失了基本的道德情感，其行为会变得怎样冷酷和残

忍。读这样的叙述让人痛苦,但它至少是一个相当真实的情感的自述,同时也使我们看到了及早培养道德情感的重要性和迫切性:

那是春节前的星期五(2000年1月28日),也是我刚过18岁生日的第三天。早上天刚蒙蒙亮的时候,我的头又是一阵的剧痛。我知道,是这些天总闪现在我脑子中的小文家写字台中间抽屉上的那把锁。每当它出现时,我的头就是莫名其妙地痛。在经过一阵剧烈的头痛之后,我彻底醒了。往外一看,天上竟然飘起了雪花,心中一阵窃喜,便一反常态地早早就起了床。我今天要去做一件筹划、酝酿很长时间的"大事",不能像平常一样睡懒觉。很快我就收拾利落,向一脸诧异的父母简单地打个招呼,就出了家门。临出门时,我摸了摸怀里揣着的早已准备好的那把螺丝刀。这纷纷扬扬的雪花正好能助我一臂之力,真是一个不多见的"好"天气。

小文是我的初中同学,是我在初中时比较要好的几个同学之一。我在初中就经常到他家去玩。上高中后,虽然我们分别上了不同的学校,但是我们仍然经常在一起玩,特别是在寒假期间,我们的交往更密切。他奶奶平时不出家门,有时甚至连地也不下。我每次去时,都看见她坐在床上。但她对我和我的同学很好,每次都热情招待我们。时间长了,我去他家就像在自己家一样,没有拘束感,我发现他家写字台三个抽屉中只有一个抽屉是紧锁着的。当我装作无意间问起小文时,他只知道里面都是大人的贵重物品,也不清楚那里面装的究竟都有些什么。至此,我开始对他家的这个抽屉产生了浓厚的兴趣。什么时候能揭开这个抽屉之谜,一直是萦绕在我心中的最大的"心事"。踩着雪花走出家门后,一看时间还早,我又仔细地过了一遍上午要做的"大事",在觉得万无一失之后,我开始实施了行动前的第一步:打电话召集同学聚会。

雪下个不停,好不容易等到上午8点,我在离小文家不远的一个公用电话亭首先打通了小文家的电话,告诉他今天上午同学要在大义(我的另一个同学)家聚餐的消息,他当然想去,于是我告诉他一定要在上午9点钟以前赶到,一是我要从事这件"大事"时小文不能在家;二是因为我们几名同学在初中时相处得比较融洽,这又是在寒假中比较难得的聚会,他没有理由不去的。接着我又相继给其他的同学打了电话,正像我预想的那样,我的提议得到了他们一致响应。雪还在下,放下电话后,我正准备前往小文家,突然间,小文家写字台中间抽屉上的那把锁再一次闪现在我的脑海中。随后,我的头又是一阵剧痛。

这时,雪有些小了。我看了看时间,已经上午8点半了,我急忙向小文家赶去。越接近小文家,我的头痛得愈来愈厉害。我这时担心小文还在家里,那样我这些日子的努力就会前功尽弃。为了稳妥些,我再次往小文家打了个电话,核实小文是否还在家。果然,是小文的奶奶接的电话,说小文已经去同学家了,现在不在家,家中除了奶奶再无他人。我挂断电话,急忙向小文家跑去,准备开始实施行动的"第二步"。

雪花飘在我的头上,我站在小文家的门前,先是稳了稳神,接着又摸了摸身上揣着的那把螺丝刀,在小文家的门前使劲地跺了跺脚,正准备敲门时,那该死的头痛又开始发作了。那把锁十分固执地在我的脑海里反复出现,头痛让我一时间竟产生了要退出不干的想法。然而,只一会儿,这种感觉就消失了。我怔了怔神,极力抑制内心的恐惧和紧张,抬起右手,按响了小文家的门铃。

"谁呀!"

"奶奶,是我,小文的同学。"我接着大声地说了两遍后,小文的奶奶这才把门打开。接着,她说,孩子,你怎么没去同学家呀,小文10分钟前就走了,他同学还来好几次电话催他呢。我是来叫小文一起去的,我随便答应了一声后,径直走进了有写字台的房间里,我一眼就看见了那把锁,接着我竟然感到怀中的那把螺丝刀也在此时动了一下。奶奶在我身后进了屋,然后又像往常一样坐上了床。她随手拿起了床上的一把水果刀,很快就削好了一个苹果,边递给我边对我说,孩子,你先吃个苹果,然后,奶奶再给你倒杯水喝。说完,她一边给我倒好了水,一边把脸转到了窗外,看起了窗外的雪景。我一面搭讪着小文的奶奶,一面将目光紧紧地盯在了那把锁上。猛然间,我的头痛又一次地发作,我双手按着头,忍了一会儿,在痛感稍微减轻的时候,心想,时候到了。而就在这时,奶奶一声一声地咳嗽,让我想起了奶奶的存在。不行,不能让奶奶说话,要是奶奶在我揭开谜底后还能说话,我一定逃脱不了法律的制裁。怎么办?

此时,我的头痛已经达到了极点;此时,我的脑海里一片空白,什么也没想;此时,我脸上的表情一定可怕得连我也不敢看;此时,我的眼睛里只有写字台中间抽屉上的那把锁;此时,我的一切注意力全都放在了如何撬开那紧锁在我心中的"抽屉"……直到我已用那把给我削过苹果的水果刀刺破老奶奶的脖子,看见血从伤口中欢快地流出,那血在屋外白雪的映照下,显得格外的刺眼。我的一切症状一下子消失了,包括我的思维。

我看见奶奶躺在地上已不再动了,她或许永远再也不能说话了。但她在我扑向她一瞬间时,向我投来复杂的眼神,又成了我的另一个难解的"结"。我真不知道今生今世能不能忘记这个眼神。我费了不少劲,终于撬开了那个抽屉,发现里面除了能拿走的 4600 元的现金之外,别的再没有什么可以拿的。我很是失望地拿着这些钱离开了被你们称为案发现场的小文家。

我快速离开小文家时,没发现有任何人在注意我,我的心总算放到了肚里。接着又担心那边的同学等得太久会生疑,我出门就搭了一辆出租车,急忙回家换了身干净的衣服和鞋后,又到了我经常打台球的我家附近的一家台球室,还清了我欠的打台球输掉的不到200元钱,随后又拿出了一些钱,在商店里买了些小食品,这才去同学家赴会。在整个同学聚会的证据锁链之中,我惟独缺的就是这40分钟。

我在初中的时候就逐渐沉迷于电子游戏和打台球,最近我又迷上了打台球赌博。我的运气始终不好,玩电游和打台球总是输。虽然我父母每月都给了我足够的零用钱,特别是我母亲,还特意给我办了个卡,每月除了定期往里面存上固定数额的钱外,有时额外给我零用钱。所以,虽然我不缺钱,但我对我自己在这方面的技艺状态很不满意。为什么输的总是我!

当我赶到同学家中的时候,一片责问声此起彼伏、铺天盖地地指向我。我指了指手中的小食品,向他们解释我迟到的原因是为他们采购午餐时,总算应付了过去。于是,我一面装作什么事情都没有发生的样子一面跟他们打扑克,一面注意地看小文的表情,我暗自庆幸没露出什么破绽,要是一旦让人知道了这事,那后果真是不敢想。

后来我与他们一起被带到分局时,我想,这下是真的完了,要彻底露馅了。我没有想到,在刑警面前,我编的40分钟有关去向的瞎话,竟能轻易过关?他们竟然把我给放了。他们为何不搜我的身?那4000多元现金就在我身上。当我得知我可以离开分局的时候,我曾暗自得意。我以为他们再也不会怀疑我了,于是,我没有回家,一头就钻进了一家电子游戏厅接着玩。

但是，到了晚上，当他们再次在电子游戏厅内找到我时，我知道，这回是彻底完了，谁也救不了我了。在往分局走的路上，我以系鞋带为借口，趁他们没注意，掏出衣兜内的4000元钱，将它塞在了垃圾箱下。

这是一个触目惊心的案例，是一个无知而又残忍的孩子杀死了一个自己熟悉的慈祥老人。这也是最不幸的一种悲剧：老人递过去的是苹果，得到的却是刀锋。一把水果刀，本是用来削水果的，凶手却把它刺进了一个刚刚用它为自己削过苹果的老人的喉咙，而且看起来是为了多么简单和不重要的一点缘由——仅仅因为一点个人的好奇心（想打开锁看那抽屉）和一点不顺（输了不多的钱），就这样去剥夺了一个人的生命。这只能说明凶手的感情已至冰点，他感同身受别人痛苦的能力已经冻结。

这不是成熟的犯罪，不是精心策划的犯罪，不是要抢劫多么贵重的财产的犯罪，但唯其如此，也就更让人震惊，如果能够这样轻易地剥夺一个人的生命，那还有什么事情不能做出来呢？所以，最令人震惊的也许还不是这个少年凶手的罪行本身，而是在犯下这一罪行的过程中他表现得如此麻木不仁，无动于衷，没有了起码的同情心。

如果我们仅仅看到这个案件，我们也许会感到可怕甚至绝望，因为这样一个少年对老人的犯罪是多么幼稚无知而又凶狠残忍。但是，读到引用这一例证来进行分析的同学的论文，我们又会重新

感到信心和希望,这位同学也是刚过 18 岁不久,和这篇"自述"的作者大致是同龄人,她这样写道(老师略有整理和改动):

　　老人的生命和少年的良知同时毁灭,我想,每一位读者都会与我一样地不安。如果良知的沦丧连老人与孩子都不能幸免,那么,还有什么比这更为可怕呢?

　　案中十八岁的杀人犯并不是良知完全泯灭,那头疼也许就是某种征兆。但是,他在一个老人的生命面前还是表现得极其冷漠与不屑一顾,也就在他用刀刺向老人的一刻,他甚至丧失了自己做人的资格。

　　良知凝缩了人类通过长期进化所获得的人性潜能和个人在生活中积累的感性和理性诸因素。它一方面体现着理性,另一方面又体现着人身上作为道德之人性土壤的社会性情感。如果出现违背自己道德信念的动机、行为或者自己的行为给他人、社会带来损害,良知会表现为面向自我的愤怒或内心愧疚,这种情感使一个人在内心开始同不良欲望的诱惑进行斗争,这斗争虽然可能是痛苦的,对个人精神发展却是建设性的。

　　然而,现代社会中实现富足生活的希冀极大地刺激了人的欲求。专业化对人性的分割;过度的物质主义对人的丰富性的遮蔽;大众传媒和游戏以大量信息包围人而致使一些人精神麻木(例如这个凶手就是在玩电子游戏机中变得麻木);对科学和技术的掌握使人的生活在局部和细节上获得更大方便,显得更为合理的同时,人的环境和自身境况在总体上却日益非理性化,以致像保持良知这一亘延数千年、而且只要人不甘堕落就必须一直亘延下去的人性法则也在遭到冷落。

而这仅仅靠法律、靠社会的赏罚机制是不够的。社会如果单纯通讨赏罚机制来实现道德调控具有极大的局限性甚至是负效应。其一是因为社会赏罚起作用主要诉诸于人的怀赏畏罚心理,诉诸于人的功利心、荣辱心或成就需要。其二,社会对行为主体的监督鞭长莫及时,赏罚便不再奏效。而从上述案例中也可清楚地看出这一点,凶手并非没有顾及到法律制裁,而逃脱法律制裁的侥幸心理反而成为他杀害奶奶的直接动机。所以,伦理文化的社会运行不可过分倚重社会赏罚的力量,而是也要注重道德情感的培养。

一定的道德认识要转化为个人道德意识中的稳定成分,从而为形成良知奠定基础,必须经过道德情感这种非逻辑力量的感染和催化。情感最鲜明和生动有力地表现着人的主观世界,是人在生活中发挥主体积极性的心理驱动器。在道德生活中,外在的命令如果不转化为个人的主观态度,即成为履行它的情感需要,个人即使遵从道德规范,也只是处在守法的水平,只有情感才能把人引向道德上的自律而成为有道德和高尚的人。情感若离开道德认识的指导就会变成盲目的,往往可能爆发出带有破坏性的热情,难以形成作为人的高级情感之一的道德感。人的情感只有经过一定的教养,才能减少受本能控制的成分,而与个体和类的进化要求协调起来。案例中凶手最强烈的情感即为好奇感,它抵制和干扰了正确道德认识的形成,使他潜在的良知不能发挥应有的道德调控作用。因此,在个人道德意识范围内,情感只有渗透进理智的因素,接受道德认识的熏染,才能升华为构成个人良知基础之一的道德情感。

最后还留下一个谜:那老人临死的眼神?她最后感到了什么,她是迷惑、震惊、绝望还是宽恕?是不是她还想说什么?她或许还有一种希望——那不仅是对那少年,也是对所有人的希望。无论如何,我们不要让这样的眼神失望。我们有必要及早培养自己健全而充沛的各种人性的情感,尤其是培养一种关注他人痛苦的道德情感。

反观我们每一个人自身的道德成长,道德情感都先于道德理性的发展。一种首先是对亲近我们的人的关切之情,显然先于道德义务和原则观念的形成。除了"恻隐之心",广义的道德情感还包括如孟子所说的"羞恶之心""恭敬之心""是非之心"等。我们在上一章也谈到了对义务的敬重心。但是,作为"仁之端",恻隐之心还是比较纯粹的、原始的道德感情。我们对我们的孩子的道德培养也是遵循这一次序,在幼童理性甚至语言能力都尚未成熟的早年,我们在道德上最期望于他们的,除了诚实,也就是一种基本的同情心。而且,我们还尤其有必要同情那些弱者、老人、病人、残疾人、畸零人、边缘人、失败者,当我们品尝了人生的五味,我们就会知道,他们的这种处境常常并不是由于他们自己的原因造成的,而我们的成功却常常只是由于我们先天或后天的幸运,而即便成功都是出自我们的努力,我们也需要同情和帮助他们,因为他们是我们的同类、是我们的同胞,我们所有人都生活在同一个世界上,我们必须和衷共济。

3 恻隐之心

中国古代儒家对道德情感的培养有很多深刻的论述。孔子"仁"的学说就是立足于一种对人类和同胞的深厚同情心的基础之上。而孟子更对道德情感,尤其是"恻隐之心"做了充分细致的阐述。"恻隐之心"的一个最鲜明的例证是他举出的"孺子将入于井"的例证。孟子认为,此时任何一个路遇此事的人都会对将要掉入井里的无知孩子突然产生一种惊惧心疼之情:这首先并不是他想要纳交于孩子的父母,不是想从他们那里得到酬报、得到好处;其次,他也不是要邀誉于乡党朋友,获得一种"热心救人"的好名声;最后,他也不是因为孩子如果掉入井里,其哭叫声将使他产生一种生理上的反感。总之,他不是为了自己的感觉,为了名利心而产生"怵惕恻隐之心"的,这一恻隐之心是纯然善的,是绝对和无条件地具有道德价值的,这一意愿的绝对善性甚至不以随后的行为为转移——即哪怕这个人后来还是没有去救,也不影响他突然看到这一情景时的最初一念的善性;更不以行为的效果为转移——即哪怕最后去救的人

孟子（前约372—前289），战国时期儒家思想家，其时天下纷纷然，他主张"仁政""制民之产""保民而王"，言义而不言利。但其政治主张不见用，退而著书立说，尤其在"尽心""知性""致良知"方面发展了儒家的"内圣"学说，而其"养浩然之气""说大人则藐之"的气概和风貌也给后人留下了深刻印象。

没有救起孩子、甚至自己也死了，他的意图和行为都是道德上高尚的。

据此我们可以概括出"**恻隐之心**"的两个基本特征：这两个基本特征一个涉及心灵的内容，这就是痛苦，即一个人设身处地所感觉到的他人的痛苦，这一痛苦的内容是人生的内容；另一个涉及心灵指向，这就是他人，一个人在体验到恻隐之情时心灵是指向他人的，是表现出一种对他人的关切，这一指向是纯粹道德的指向。用一句简单通俗的话也许可以说，"恻隐"就是他人的痛苦也到了我这里，而我的心也到了他人那里，这就是心灵相通，就是具有负面的人生内容，而同时却是正面的道德指向的同情。

这意味着,儒家学者不会同意像卢梭所说的那样——认为我们的同情心是源自自爱,怜悯是由自爱所生发的观点。按儒家的观点,恻隐之心与自爱之心截然不同,恻隐不可能源于自爱。两者之间并没有因果关系、源流关系。虽然恻隐之心确实是要通过我自己的感受和设身处地,经由自己的痛苦而知道他人的痛苦,是由己及人、推己及人,这样,对自己及自己感受的关怀、兴趣也是恻隐之心所不可少的,但用自爱却还是无法解释一个人为什么一定要从自己推及他人,为什么也要关怀他人的痛苦,用自爱更无法解释那种自我牺牲的意愿和行为。实际上,我们在人那里可以看到的是两条源流:一条是自我生命的欲念之流;一条是道德和善意之流。两条源流对于人生都是必须的:无前者不能实现人类个体的生存,无后者不能实现人类群体的生存。两条源流也会有分有合,但是说后者是从前者流出来的却不合事实。

我们下面再看看道德情感的地位和意义:不仅在伦理学中的地位和意义,也包括在我们的道德生活中的地位和意义。我们可以概括地说"恻隐是道德的源头",那么,这里的"道德"是什么含义,这一"源头"又作何解释呢?

我们可以借鉴波普尔(Karl. R. Popper)的"三个世界"划分的观点,说完整意义上的"道德"(伦理)包括:(1)主观的、在每个人心里内在地发生的,只能为他自己通过反省觉察的**道德心理现象**;(2)客观的、可为他人从外部观察到的,个体或群体的**道德行为现象**;(3)作为一种精神的客观凝结物的,以戒律、警句、格言,或理论、学说等形式表现出来的**道德知识现象**。而"源头"的意思也可以有三种含义:(1)根据(内在的理由);(2)动力;(3)现象(即仅仅是时间上的最先出现)。

那么,恻隐是整个道德的源头吗?这里我们需要做一些具体的分析。在上述三种道德现象中,道德心理意识无疑是主观的、最个人化的,我们完全可以说,恻隐是这一道德意识(或"良心")的作为源头的一个组成部分;至于道德行为活动,也可以说最终都可分解为个人的行为活动,因此,它们的动力也有恻隐的一份,而这一份动力一般是处在最开始的地位;最后,道德原则和规范等理论知识最初也可以说都离不开个人的概括和创制,而个人最初之所以开始这一创制,也离不开他心中那一点作为最始源的恻隐和不忍之心。

总之,我们说"恻隐是道德的源头"是离不开一种个人的道德观点的。在某种意义上,恻隐可以说是整个道德的源头,但是如我们上面所见,它将在个人道德观点的制约下按三种道德现象的次序逐步受到限制:道德心理现象无疑要以恻隐之心作为其原始的最重要组成部分;在道德行为现象的源头我们都可以发现恻隐之心的强大推动力;而道德原则、规范之知识现象相对来说最倾向于超越个人的人格性,所以恻隐之心在其中比较隐而不显。或者说,恻隐只是道德意识(良心)的直接源头,它要作为道德行为或道德知识的源头,却显然要经过其他意识成分而尤其是理性的中介。

那么,"恻隐是道德的源头",这一"源头"的意思究竟又是指什么呢？是指恻隐是道德的根据、动力，还是仅仅指现象呢？我们仍借用上面对道德现象的三种划分来说明，从族类或个人来说，恻隐都可以说是道德心理意识的"最初的涌现"，它是道德心理意识现象的一部分，又推动着道德心理意识的深化和扩展，因此，作为"良心"的源头，它有作为动力和现象的双重意义；而对于道德行为活动来说，恻隐只是一种最初的动力，并且这种最初的动力并不一定是道德行为最主要的动力。而对于已经社会化了的道德原则、规范等知识来说，我们说过，恻隐必须经过个人中介才能起作用，应该说它对形成这些原则规范的动力虽然是最原始的，但也可能是最微弱的。而且它显然不是这些原则规范的内在理由和根据。我们不能说，出自同情心的行为就都是正当的行为。

因此，我们说"**恻隐是道德的源头**"，主要是指恻隐是个人道德意识（良知）的源头，在此它有动力和现象的双重意义，而当我们说到道德行为活动和理论知识时，恻隐只具有一种最初动力的意义。而无论"道德"意指什么，恻隐看来都不具有最终理由根据的意义。

"源头"这一比喻确实很好地表现了恻隐之心在道德体系中的地位，首先，这表明它不是处在道德之外的东西，而是属于道德内部的，源头是从道德内部说的，恻隐之情就是道德最初的涓涓细流；是仁之始，仁之端；其次，这也表明它是最初的流淌，最初的动力，这一动力并不一定是人们的道德活动中最巨大、最主要的动力，它虽然不是汹涌澎湃，但却是源源不断——在贤者那里是常不泯，在常人那里是不常泯，而在恶人那里亦不会完全泯灭。它的主要意义不在中流的浩大,而在源头的清纯,凭它自身,它甚至可能走不了很远,然而,它又可以说是泥沙封堵不死的泉眼,败叶遮蔽不住的净源。

从整个人类历史来说,虽然不乏以各种虚假的"理由""原则""主义"扼制,甚至消灭恻隐之心的企图,但这些企图最终都归于失败。在一个基本的底线上,我们甚至可以谈论起恻隐之情的绝对无误。因为,所谓的"理由""原则""主义"可能酿成大错,忘记生命的根本,而恻隐之心在这一对生命的基本态度(是保存还是毁灭它,对它的痛苦是漠视、残忍还是恻隐、同情)上却不可能出错,在此,这种情感的逻辑胜过一切理性的推演、动人的蛊惑、巧妙的欺瞒和疯狂的激情。也正是在此,这种柔弱的感情会变得强大、形成一道最坚固的屏障,使人类不至长久地陷入狂热、暴行和恐怖之中。恻隐之情的一个突出的特点就是:它面对的痛苦愈是巨大,就愈能在自身中激发出巨大的力量。

所以,我们确实可以看到怜悯之情作为人类最原始和最纯正的一种道德感情,对于使人们履行最起码和最基本的道德义务,使社会不致长久堕入野蛮的巨大意义。在有些时候,可能法律已经废弃,权威不复存在,甚至理性也已颠倒或迷惑,此时正是靠一种尚未泯灭的恻隐之情救人于溺,拯世于狂。因此,我们需要聆听它的声音:也许我们并不总是向它请教,然而,当社会生活被逼入险境的时候,我们就会听到这一柔弱的声音突然变得强大有力,因为它更贴近生命,贴近我们道德的起点,这起点也是我们的道德乃至全部文明的最后一道防线。如果连这一防线也守不住,如果人类连起码的

在雨果的名著《巴黎圣母院》中,形象丑陋可怖的卡西莫多被绳索捆住,在大庭广众之下被施以鞭刑,忍受着众人的奚落和嘲笑,口渴至极的他渴望喝一口水,却得不到围观者的一点怜悯和同情,连他的主人也遗弃了他。然而,曾经被他绑架的埃斯梅拉达却不顾众人的异议,走上前去喂水给他喝。卡西莫多喃喃自语"美呀""美呀",震撼他的,不仅是埃斯梅拉达被惊为天人的姿容,更是她善良美好的心灵。

孟子认为,人皆有恻隐之心,但是,有时候,在某种不义的社会环境作用之下,人的恻隐之心似乎很容易就被屏蔽起来,冷漠和残酷成为一种普遍的社会氛围,比如《巴黎圣母院》中把卡西莫多当作牲畜看待的众人,比如在八国联军砍杀中国人时冷漠围观的国人,比如在纳粹疯狂迫害犹太人时袖手旁观的德国民众。在这非常的时候,总还有一小部分人能保有人性之光,遵从自己的良知和同情之心,而非盲从体制性的力量或者普遍的社会风气。这些人是人类的希望之所在。

同类之间的恻隐之心也丧失殆尽,那很难设想人类会成为什么样子。

当然,另一方面,作为源头,恻隐还有必要发展,有必要扩充。作为一种最初发动的道德情感,它最主要的发展当然是要和理性结合,它不能满足于自身,不能停留于自身。尤其在现代社会,我们确实可以看到使单纯个人主观的恻隐之情转向普遍客观的道德理性、使人治转向法治的重要性和必要性。但是,在使社会政治理性化、法治化的过程中,我们也决不可忘记根本,忘记制度应有的发端,我们也许还得一次又一次地把社会政治方面的规范、把法律的规范重新带到出发点加以审视,看它们是否偏离了这一出发点,偏离了多少,并予以适当的纠正。

我们说,**今天的社会伦理**主要是一种以理性规则、道德义务为中心的伦理,但是,我们也还要看到同情、怜悯和恻隐之心在启动、转换和创新道德体系中的作用。人生不仅仅是规则和义务,人生还需要感受和体会更多的东西,我们这里想再用一个故事来说明这层意思:有的国家对无人认领的自行车会定期拍卖。在一次这样的拍卖会上,出现了这样一幅情景:每推出一辆车,都会有一个孩子率先叫出"5元!"当然这个价格很快就被后面人们提出的价格超过,而人们也渐渐明白,这个孩子手里只有5元,而他是多么想得到一辆自己的自行车。于是,当最后一辆簇新的漂亮自行车推了出来,这个孩子又一次叫出"5元!"时,拍卖场上突然变得鸦雀无声,拍卖人重复三次后,一锤定音,那孩子终于得到了一辆自行车。当那孩子眼里噙着热泪走向自行车时,会场突然爆发出热烈的掌声。这是为孩子高兴,也是为在场所有人的共同默契而鼓掌。

让那个孩子得到这辆车对所有在场的人并不是一种义务,它只是一个心愿,一个来自人们的深厚同情的心愿,一种善意的心照不宣,甚至其中还有一种很高的幽默和理解力,最后是一种由衷的、所有在场者的快乐。没有谁失去什么,每个人却都得到了一些东西。所以,这大概可以说是一种"共赢",尤其是精神和道德上的"共赢"。而如果没有一种联系所有人、所有生命的最起码的恻隐之情"垫底",没有一种要求某种善意、智力和美感的心领神会,是不会出现这种结果的,甚至出来一个人打破这种共同的默契都不行。

所以,不仅现代社会的底线伦理、乃至我们的整个生活都需要这种道德感情"垫底"。底线伦理是必要的,但又是不够的。这不仅指除了道德规范,还有人生的许多方面:亲情、审美、信仰、终极关怀,而且,即便就在道德的范围内,仅仅讲底线伦理、讲规范、义务也还是不够的。规范和义务并不是道德的全部,道德并不仅仅是规范的普遍履行。我们还需要人与人之间的一种深厚同情,如果没有这一感情的润泽,甚至规范的道德也仍不免由于缺乏源头的活水而硬化或者干枯。一种对他人、同类的恻隐之心和对生命、自然的关切之情,将会提醒我们什么是道德的至深涵义和不竭源泉,提醒我们道德与生命的深刻联系,以及任何一种社会的道德形态——包括现代社会中"底线伦理"这一道德形态——向新的形态转换的可能性。道德不会是老一个模样,它也会与时俱进,但只要人类还保有"恻隐之心",我们就可以对它的变化基本放心。

德性、幸福与善

> 子曰:"学而时习之,不亦悦乎?有朋自远方来,不亦乐乎?人不知而不愠,不亦君子乎?"
>
> ——《论语》

《西诺普的第欧根尼》(Jean-Léon Gérôm)

第欧根尼,这位著名的犬儒派哲学家栖身于木桶里,大白天燃起灯,要寻找一个真正诚实的人。亚历山大大帝曾走到他的木桶前,问他想要什么恩赐;他回答说:"只要你别挡住我的太阳光"。据说亚历山大之后对随从说:"如果我不是亚历山大,我愿意做第欧根尼。"

早期的犬儒学者鄙弃一切感官和物质的享乐与追求。第欧根尼对"德性"具有一种热烈的感情,他认为和德性比较起来,俗世的财富是无足计较的。他追求德行,并追求从欲望之下解放出来的道德自由。以他为代表的犬儒学者坚持,人要摆脱世俗的利益而追求唯一值得拥有的善。真正的幸福并不是建立在稍纵即逝的外部环境的优势上。每人都可以获得幸福,而且一旦拥有,就绝对不会再失去。

相应于现代社会人们的生活领域日益明显地被区分为公共领域和私人领域,现代伦理也可以分为社会伦理和个人伦理两大部分:其中社会伦理主要是探讨社会制度的伦理和制度中人的伦理,即探讨制度的正义和个人作为公民的一般义务和各种职责;而个人伦理则主要是探讨个人关系如家庭、朋友或个人追求如信仰、生活品位方面的道德问题。

这就使现代伦理的理论形态主要呈现为是一种以道德规范和义务为中心的社会伦理,本书的主旨也是在此。但即便如此,即便我们主要是讨论社会伦理规范,从实践上看,道德规范也必须落实于人。道德只有落实于每一个人、落实于人们的内心,成为他们人格的一种稳定气质才真正有持久和巨大的力量。而且,应该说,道德也是为了人的——不仅保障人类社会的正常运转和发展,更致力于使人类个体成为有德性的人,成为幸福的人,即努力达到人类个体的善和整体的善。只是现代社会的道德可以,也应当考虑并不以这种作为目的和结果的善为自己的理据。

1　什么是德性

当我们讨论义务、规范及其根据的时候,是不考虑个人的差异的,因为,这些义务和规范对所有人都应当是平等的,如此它们也才能成为一种普遍的义务和规范。但是,在实践中,不同的个人认识和履行这些义务规范无疑是存在很大差异的,而如果这种履行变成一种比较稳定和持久的行为习惯,我们也就会看到他们在德性上的差异;于是,我们不仅会说"张三这件事做得对""张三的这一行为是一正直的行为"或者"李四这件事做得不对""李四的这一行为是不正直的行为",我们还会说"张三是一个正直的人""李四是一个不正直的人"。这时,我们不仅是在判断一件事,而且也是在判断一个人。

换言之,德性可以定义为一种比较稳定和持久的履行道德原则和规范的个人秉性和气质。在这个意义上,我们甚至可以说德性实际上就是某种行为类型的系列或总和。"德性"是不能空言的,必须通过行动来体现出来。我们判断他人的品质,也主要是根据他们的一系列行为。

通过"德性"的词义也可以帮助我们理解其内涵。所谓"**德性**",也可以说就是使道德原则、义务、高尚纳入到了我们的个性、本孔子（前551—前479），儒家学派的创始人，也是一位在中国历史的"轴心时代"——春秋战国时期奠定了后世两千多年社会政治格局和道德秩序的伟大思想家，但其当世的政治活动却是失败的。这当然不影响孔子依然披阅古籍，弦歌不辍，本章标题下所引《论语》最开始的一段话，即反映了这样一种平和、平实的"有志于学"者的快乐和幸福。

性之中，成为了一种真正稳定地属于我自己的东西。这时，外在的规范变成了内心的原则，甚至成为一种不假思索、但却自然而然符合规范的行为习惯和生活方式，就像孔子所说的"从心所欲不逾矩"，这时他已经感觉不到了外在的约束，而一切言行举止却自然地中规中矩，这种道德境界当然需要长期的磨炼。

我们需要经过尊重义务和规范的行为来培养和磨炼我们的德性，但一旦我们具有了某种德性，行为也就能持之以恒。从理论的角度看，规则应当是更重要和优先的，而从实践的角度看，则德性应当是更重要的和优先的。《新约·马太福音》中说过类似的道理："凡好树都结好果子，唯独坏树结坏果子。"一般来说，好的行为最可期盼的还是好的心灵。从每件事来说,我们要把每件事做对,或尽量不做错事,而作为一个人来说,我们还要努力成为一个正直的人、一个有德的人,使好的行为自然而然地从我们的人格、我们的心灵中生发出来。

也就是说,我们不仅要在德性与行为的紧密联系中来思考德性,还要在德性与人格的联系中来思考德性。德性可以作为一个总名,一个单数使用,但也可以作为一个复数使用,可以分解为各种德性。在一个人那里会具有各种不同的德性,而"人格"则是比较完整的一个称谓。**人格**是对一个人的稳定品格的总体的、全面的描述。我们一生的追求都可以归结到我们究竟想成为一个什么样的人,在传统社会及其伦理学中,也常常把一个人想成为什么样的人,或社会想造就什么样的人作为自己的主旨。例如儒学,尤其是心性一派的儒学就常常被称为"为己之学""成人之学",其主要的追求就是要成为具有高度道德和文化教养的"君子"。

德性与人格总是体现在个人那里的,作为一种表现形态,总是紧密联系于主体的。但是我们又可以把存在于各个人那里的道德个性与品格抽象出来,客观地来讨论它们的共性与类型。这样,就可以说有各种德性,例如正直、勇敢、节制等等。

以上我们所讨论的"德性"基本上都是在现代的意义上进行的:即强调"德性"(virtue)概念的道德性质和个人性质。但如果我们回顾历史,就会发现,"德性"或"德"的概念在古代具有更宽广的意义,不仅指称道德,而且指称非道德;不仅用于个人,也用于制度。

而且，德性还一度居于伦理学的中心，成为传统伦理学的一种主要形态，下面我们就通过这一形态的主要代表亚里士多德来进一步阐述德性的概念及其现代转变。

亚里士多德认为，德性要根据人本已有的功能或人的灵魂的活动来区分。人的活动和灵魂有一个非理性部分和一个理性部分，而非理性的部分是为一切生物所共有的，具有发育的性质，诸如生命的生长功能、营养功能，还有感觉和欲望的功能，这是为人与牛、马及一切动物所共有的。然而人还有自己独具的活动与功能，这就是理性部分的活动。德性也就要按照对灵魂的区分加以规定。这样，其中一大类是**理智的德性**，另一大类是**伦理的德性**，像智慧、理解以及明智都是理智德性，而大度与节制则是伦理的德性。

两种德性的要求简单说来就是：人应当过一种有"思"的生活，应当过一种有"德"的生活。理智德性大多数是由教导而生成、培养起来的，所以需要经验和时间。伦理德性则是由风俗习惯熏陶出来的。我们的德性既非出于本性而生成，也非反乎本性而生成；自然给了我们接受德性的潜能，而这种能力的成熟则需通过实践和习惯而得以完成。

正如其他技术一样，我们必须先进行有关德性的现实活动，才能获得德性。我们做公正的事情，才能成为公正的人；进行节制，才能成为节制的人；有勇敢的表现，才能成为勇敢的人。总之，品质是来自相应的现实活动，是由现实活动的性质来决定的。所以，从小就养成这样还是那样的习惯绝不是件小事情，恰恰相反，它非常重

在拉斐尔的名画《雅典学派》的核心位置,年事已高的柏拉图和风华正茂的亚里士多德似乎正在激烈争论着。柏拉图一手指着天空,似乎是在表明理念只处于一个神圣的世界;而亚里士多德一手拿着《尼各马可伦理学》,一手指向前方,似乎力图把哲学重新带回大地。

要,比一切都重要。一个人如果经常去做一件事情,他也就变成那个样子。所以,做一个善良之人还是丑恶之人,也就是由我们自己。我们可以通过行为来塑造以至改变我们的品性。

德性在荷马时代还泛指一切优越的品质和特性,但在亚里士多德这里已经有了比较固定的含义。理智的、沉思的德性要高于伦理的、实践的德性,这种更高的德性包括对生命意义的沉思,也包括对实践德性的反省。但它不一定能为所有人拥有,只有一些人会追求这种哲学家的生活方式。

"伦理的德性"与我们今天所理解的德性基本相合,现在的问题是,我们如何确认这种德性呢?使所有属于这种德性的品质共同的东西是什么呢?亚里士多德提出了"中道"(或者说"适度""中间")的概念来区分好的德性与其他不好的品性,"中道"是好的品性,而"过度"和"不及"两个极端则是不好的品性。

具体来说,伦理的德性因为关系到情感和行为,存在着过度、不及和中道。例如,一个人恐惧、勇敢、欲望、愤怒或怜悯,这些情感及由此产生的行为可能过分,也可能不及,两者都是不好的。然而若是在应该的时间,据应该的情况,对应该的人,为应该的目的,以应该的方式来感受这些情感和相应地做出行动的反应,那就是中道,是最好的,属于德性。所以德性也就是中道。过失是多种多样的,而正确只有一个。

举例言之,我们可以列出一个这样的德性表:

不及	中道	过度
禁欲	节制	纵欲
胆小	勇敢	鲁莽
愚钝	明智	狡猾
损己	公正	损人
自卑	自重	自傲
过度敏感	羞耻	无耻
吝啬	大方	浪费
麻木	温和	愤怒
自贬	信实	自夸
柔弱	坚强	蛮横
……		

你也可以再列举下去,当然,并非所有的行为和情感都有个中道存在。正如亚里士多德所言,去在每一类事物中发现中道,这是一种需要技巧和熟练的事业,还有的品质也找不出中道。至于"公正",还可以说是所有德性的总名。另外,我们仔细观察上述德性表,还会发现这样一些特点:

首先,我们发现,如果说"过度"一边的品性较容易损害到他人的话,"不及"一边的品性则更容易伤害到自己,这样,中道可能更和"过度"对立。或者我们也可以这样说,如果不能准确地把握中道的话,则我们宁可接近"不及"而不要接近"过度"。即如亚里士多德所言:在极端之中,有的危害大一些,有的危害小一些。所以,准确地把握中道是困难的。如果不得以求其次的话,就要两恶之间取其小。

其次,正如亚里士多德也同意的,中道一方面相对于过度与不及两个极端是中道、是中间,但另一方面,它作为好的品性,同时相对于这两个不好的品性来说,则它本身又构成一个好的一端了,而这两个不好的品性则构成另一端:不好的一端。即两个极端之间相互反对,它们又共同与中道相反对。我们可以考虑用图来表示这一道理,这样,这种中道就不能是一条直线上的中道,而是犹如一个等腰三角形上的中道:

这样,德性作为一种等腰三角形上端的"中道",它即处在不及与过度中间,同时又作为上端和两个下端对立,即作为"德"与"恶"对立。

2 德性的演变

在传统社会中,无论在中国还是西方,伦理学确实都是以德性和人格为中心的,对德性的划分是丰富多彩的,生活在这一社会中的人也就比较注重自己德性的培养,欣赏和赞美那些德性远远高出于众人的杰出者。古希腊人的精神就是要努力地追求一种卓越的德性,并在各种德性之间保持一种和谐与平衡。中国古代社会的文化也极其推崇优雅的人格和高尚的品格。

但是,到了近代,伦理学却转向以原则和规范为中心,个人以履行基本义务为要,至于成为什么样的人却交付给个人的选择。这一转变是怎样发生的呢?我们可以看一下当代伦理学家、共同体主义(communitarianism)的一个主要代表麦金太尔的观点,他主要从德性的角度来讨论古代与现代道德理论的分野,大致以德性的演变为中心线索区分出这样三个阶段:

首先,从古希腊罗马到中世纪,这个时期是"**复数的德性**"(Virtues)时期,也就是说,在此德性是复数的,是多种多样的。像古希腊人所强调的四主德:节制、勇敢、智慧、公正,以及友谊等。又如神学的德性:谦卑、希望、热爱等,它们都服务于某个在它们自身之外的目标,由这一目标来定性并受其支配,这些目标就像刚才上面所说的,或者是某一社会角色。例如在荷马史诗中所见的英雄时代的德性就是如此,凡是有助于履行这一角色的能力和性质就都被视为德性,包括像体力好、善射箭等都可称之为德性。这些目标或者又是总的人生目的、好的生活,比方说在亚里士多德那里就是这样,各种德性是达到自我实现、人生完善的手段;这些目的还可以是神学意义上的、超自然的完善,比方说在《新约》中就可见这种目标,相

在天主教教义中，七种美德指的是两套美德系统的联合体。四种基本美德(cardinal virtues，源于古希腊哲学)：智慧、勇敢、节制、公正；三种超德(Theological virtues)：谦卑、希望和热爱。这七种美德与七位大天使相对应。

应地就提出了谦卑、希望等神学德性。

然而，到近代的时候，一种有关德性的新观念出现了，也就是说进入了"**单数的德性**"的时期。所谓"单数的德性"是指德性成为单纯的道德方面的德性。与道德的"好""道德价值"乃至"道德正当"

成为同义语,虽然还是可以区分各种各样的具体德性,但它们实际上都是一种东西——即一种"道德的好""一种道德正当"。而且,现在"德性"不再依赖于某种别的目的,不再是为了某种别的"好"而被实践了,而是为了自身的缘故。由于有了一个单一的、单纯的德性标准,"德性"在此意义上就是单数的了。这样,道德实际上就向非目的论的、非实质性的方向发展了,不再有任何共享的实质性道德观念了,尤其不再有共享的"好"的观念,于是原则规范就变得重要,德性就意味着只是服从规范,休谟及康德、密尔乃至罗尔斯都是如此。罗尔斯通过道德原则来定义德性,即德性等于一个服从原则的人的品质;规范在现代道德中获得了一种中心地位,德性不再像亚里士多德体系中那样具有一种明显不同甚至是对立于规范、法律的意义。于是各种理性主义、直觉主义相继出现,企图确定道德信念的基础,确定一批道德原则和规范,道德被看做是仅仅服从规范。

于是,德性概念于道德哲学家与社会伦理就都渐渐变成是边缘的了,不再受到重视,而理性的证明也暴露出理性本身的弱点,逐渐走向相对主义,走向技术性的分析哲学,这就导致了当代的来临——一个"在德性之后"的时代、一个不再有统一的德性观、价值观的时代。尼采敏锐地觉察出这个时代的特征,觉察出当代道德的散漫无序和混乱状态,并提出了他自己的权力意志说和超人理想,走向某种非道德主义乃至道德虚无主义、德性虚无主义的观点。

麦金太尔对从传统社会到现代社会的这一德性演化史的阐述

节制(Luca Giordano 绘)。在从古希腊到基督教的西方思想史以及包括佛教和印度教在内的东方传统中,节制都被视作基本的德性之一,在阿奎纳的经典著作中,其他几种基本德性还包括勇敢、智慧、公正等。

是富有启发性的。验之于中国的历史,也许我们还可以补充说,在最早的时候,"德性"或"德"的意思还曾笼统地指人的"各种属性、特性",所以还有"吉德""凶德"之分,例如说"孝、敬、忠、信为吉德,盗、贼、藏、奸为凶德";到后来,"德"就是指人的"所有好的属性","不好的属性"被排除在外;而再后,则主要指人的"所有道德上好的属性"了,"非道德的属性"被排除在外。或者再参考道家更为长远的观察角度,这种演变先是"失道而后德",如果真的远古的人们是自然"得道",都是如赤子般天然淳朴,也就不必强调"德"或"道德(得)"了。但如果人们已经失去了天然的淳朴,就不得不强调各种德性和人格的训练和培养。接着则大概是"失德而后义",也就是如果统一的价值理想和德性观被破坏,则不得不以原则义务为中心,这就是我们在古代"道为天下裂"的乱世和统一的价值观崩解的现代社会中所看到的情景。如果连"义"也被破坏,则社会则大概要落入"失义而后刑"甚至"失刑而后乱"的状态。

今天我们将何去何从?是尼采还是亚里士多德?是德性伦理还是非道德主义?麦金太尔以尖锐的形式提出了这个问题。他认为这一对立是根本的对立,而他的倾向是转向古代,转向传统。但是,他可能没有充分估计到接受一种德性伦理的社会机制已经改变,例如亚里士多德和中国古代儒家的那样一种伦理学诚然立意高尚,但受社会条件的限制,却不再可能成为现代社会占支配地位的伦理学类型;而另一方面,通过区分价值和正当,我们却还是有可能找到在德性伦理和非道德主义之外的第三条道路:即一种以原则规范为中心的伦理学类型,这种伦理学还是有可能支撑起现代社会的基本道德。而那种追求人格的卓越和德性的优美的伦理学虽然暂时不在社会伦理的领域内起支配作用,却完全可以在我们的个人道德生活中发挥积极的,甚至对许多个人来说是主导的作用。我们可以自己选择成为一个什么样的人,可以充分地去发展和完善自己的各种德性和潜能,展示人可以达到什么和超越什么,让人性在自己的身上放射出灿烂的光辉。

当代法国一位哲学家斯蓬维尔写了一本书叫《小爱大德》,他认为一个人的美德就是使他变得人道的一切,亦即德性是一种人道的能力。斯蓬维尔想探讨那些最重要的美德,这样,他从一份三十来种美德的清单中挑出了他认为无可再删的十八种德性:从还不属于道德的"礼貌"开始,到已经超越道德的"爱情"结束,其间包括忠诚、明智、节制、勇气、正义、慷慨、怜悯、仁慈、感激、谦虚、单纯、宽容、纯洁、温和、真诚、幽默。他说,关于美德的思考不一定会造就有德性的人,但是,这种思考至少可以培养我们的一种德性:谦虚。我们至少可以知道我们缺少什么由此也许使我们下决心去努力弥补。

3 德性与幸福

我们每一个人都希望得到幸福,那么幸福是什么?幸福和德性又有什么关系?有德的人都能够得到幸福吗?怎样理解这种幸福?

幸福由于和主观感受紧密相关,所以,对**幸福**的定义和理解也是多种多样。幸福有时被直接等同于主观感受到的快乐,或者被理解为外在的权力、财富、名望、成功、幸运;还有的人理解幸福就是某种或某些德性,例如认为幸福就是智慧、就是公正或高尚等等。

我们还是从古希腊人的幸福观谈起,在希罗多德的《历史》中,开始部分就讲述了一个传说的故事,说的是雅典的立法者梭伦出游,到了一个叫做克洛伊索斯的国王的宫殿,克洛伊索斯领着梭伦去参观他的宝库,把那里所有一切伟大的和华美贵重的东西都给他看。然后问他"怎样的人是最幸福的?"他所以这样问,是因为他认为自己是人间最幸福的人。然而梭伦却说最幸福的人是雅典的泰洛斯,因为泰洛斯的城邦是繁荣的,而且他又有出色的子孙,他一生一世享尽了人间的安乐,却又死得极其光荣——极其英勇地死在疆场之上,雅典人在他阵亡的地点给他举行了国葬并给了他很大的荣誉。克洛伊索斯又问他,除去泰洛斯之外在他看来谁是最幸福的,心里以为无论怎样自己总会轮到第二位了。梭伦却仍然没有说到他。克洛伊索斯发火了,他说:"雅典的客人啊!为什么您把我的幸福这样不放到眼里,竟认为它还不如一个普通人?"梭伦大致这样回答他说:人间的万事是无法逆料的。你现在极为富有并且是统治着许多人的国王;然而,只有我在听到你幸福地结束了你的一生的时候,才能够给你回答。因为不管在什么事情上面,我们都必须好好地注意一下它的结尾。因为神往往不过是叫许多人看到幸福的一个影子,随后便把他们推上了毁灭的道路。后来,果真克洛伊索斯发动战争,打败后成为阶下囚,这时他才想起梭伦所说的话是对的。

梭伦对这位国王说的话还是委婉的,他没有说到即便对一个国王来说财富和权力也并不足以构成幸福的全部要素,而对另一些人来说,它们甚至完全不是构成幸福的主要因素。梭伦在这里主要还是强调幸福的完整性和终极性,这种有关幸福的必须"盖棺论定",即观察一个人的幸福不仅要看一时一事,而是要看他的完整一生的观点,不仅是希罗多德笔下梭伦一个人的思想,而且是在希腊人中相当流行的观点。这种幸福观也含有道德和报应的内容,在这个传说中,克洛伊索斯受罚是与其祖先的篡位和他自己的骄傲有关。

柏拉图在《理想国》的一开头就提出了这样的问题:一个正义者是否比一个不正义者更为幸福?换言之,就是德性对幸福的生活有何影响。这牵涉到每个人一生的道路的选择——你愿意做哪一种人,过一种什么样的生活?有时现实社会的状况并不是令人乐观的,你会看到好人受苦而恶人反倒享受财富、权力和成功。俗话说"善有善报、恶有恶报",但有时我们却看到相反的情形:善人受到冤屈,而恶人却得意洋洋,不受惩罚。这不免让人感到失望乃至义愤。但是,正如德国伦理学家包尔生所说,人们感到这样的事情发生是很不应该的,甚至是一种例外情形,所以才特别引起我们的注意,并且使我们产生一种强烈的义愤。我们也知道"善有善报、恶有恶报"的后两句话是"不是不报,时候未到"。"天网恢恢,疏而不漏"。善恶的报应有时是需要时间的,这种"报"有时不一定是当世之报、及身之报,而是报及身后,报及子孙。所以古人又有"为后世积德"或"不给后代造孽"之谓。而在一种相信"灵魂不朽"的信仰

从古希腊到现在,一直有各种各样的柏拉图画像。在这幅16世纪罗马尼亚修道院的壁画中,他与数学家毕达哥拉斯、雅典伟大的改革家和执政官梭伦在一起。

文化中,则还有一种更强烈的一种超越的存在终将"赏善罚恶"或者因果报应的信念。就像苏格拉底在《理想国》的最后所说,正义者可能一时落后,但最后还是会比不正义者更早到达终点,实现自己的目标。无论如何,正义本身也是最有益于灵魂自身的。人们将因正义的美德在生前和死后从人和神的手里得到各种各样的酬报——包括生前和死后的酬报。人的灵魂是不朽的。一个人只有通过实践正义和其他美德,才能达到真正的幸福和至善。

另外,又有一个如何理解幸福的问题,我们不能否认,有时由于天灾或人祸,我们面对的现实生活是严酷的,处境是艰难的,但如果按照亚里士多德的观点:"幸福即是合于德性的现实活动",则任何外在的困苦和不幸都不足以剥夺我们实践德性的能力。斯多葛学派的哲学家在这方面常常表现出一种对于外在痛苦的惊人忍耐力。在此,"幸福"的概念甚至被完全精神化了。在我们的一生中,我们也许不至于接受如此的考验,但是,我们确实有必要使我们的幸福观念变得较为宽广,较为多样。如此,幸福也才更有可能。幸福不止是内在的快乐,也不止是外在的功利,当然,最好也不止是单纯精神的福祉。人是有肉体存在的人,所以需要一定的物质供养,而许多知识、审美和精神的活动,甚至于德性的培养也需要一定的物质条件。故而希腊哲人从梭伦到亚里士多德都谈到人的发展和幸福需要一个中等水平的财富。亚里士多德说,作为一个人,思辨总要求有外部条件,进行思辨的本性本不是自足的。它要求身体的健康,食物及其他物品的供给。但是,如若说幸福也不能缺少外在善的话,这并不是说幸福需要占有很多东西。在过度中是找不到自足的,实践也是这样。一个人可以不是大地和海洋的主宰者,但做着高尚的事业。有一个中等水平的财富,一个人就可以做合于德性的事情。梭伦对人的幸福作过一番很好的描述:这就是具有中等的外部供应,而做着高尚的事情,过着节俭的生活。

《孔子圣迹图·在陈绝粮》

孔子周游列国,在陈国断了粮,跟随的人都饿病了,不能起身,子路愤愤不平地对孔子说:"难道君子也有穷困的时候吗?"孔子说:"君子安守穷困,小人穷困便会胡作非为。"

孔子周游列国宣扬仁政的经历,实在不能算顺风顺水,而是"惶惶如丧家之犬",受尽白眼和奚落,有时连基本的温饱都不能保障。然而,对一生践行"仁礼合一"之"道"的孔子而言,践行自己的道德理想的过程本身就是幸福的,外在的艰难困苦实在不能算什么。"求仁得仁,亦复何怨",便是他对自己心迹的剖白。

幸福常常伴随着主观感受的快乐,幸福中无疑包含着快乐,但是我们能不能说快乐就是幸福呢?快乐是有很多种类的,有单纯和复杂、持久与短暂、宁静和热烈等区别,其中还有一些可疑的快乐,或如亚里士多德所说,有些快乐还是不好的。他根据人类自我实现的观点来看待快乐,认为人的每种实践活动都有自身的快乐。所以,实践活动是好的,其快乐也是好的,实践活动是坏的,其快乐也是坏的。快乐完善着这些实践活动,也完善着生活,这正是人们所向往的。所以,人有充分的理由追求快乐。因为快乐完善着每个人的生活,而这是值得欲求的。这两者似乎是紧密联系、无法分开的。没有实践活动也就没有快乐,而快乐则使每种实践活动更加完善。

在亚里士多德看来,思想的快乐高于感觉的快乐,在思想的快乐相互之间,也有一些快乐高过另外一些快乐。越是复杂、艰难和需要付出代价的活动带给人的快乐反而越大。每种动物都有它本身的快乐,正如有它本身的活动。就是说,每种动物都有相应于其实现活动的快乐。马、狗、人,都有自己的快乐。赫拉克利特说,驴宁要草料而不要黄金,因为草料比黄金更让它快乐。所以,不同种的动物有不同的快乐。反过来也可以说,同种动物有同种的快乐。不过在人类中间,快乐的差别却相当大。最高的快乐是一种纯净持久的思想的快乐。

我们不否认快乐,但却不同意以快乐作为道德判断的根本标准的快乐主义。我们也对把快乐或者幸福作为人追求的目标的观点感到怀疑。我们常说人人都有追求自己幸福的愿望和权利,但是,无论在心理学上还是现实生活中我们都不难发现,人们越是追求自己的幸福快乐——尤其是当把这种幸福主要理解为由欲望的满足所带来的快乐的时候,那么,他们越是追求,却反而越是不容易得到快乐和幸福。

所以,重温一下康德的这一观点是有益的,他承认,就我们作为一种有限的感性存在而言,祸福诚然关系重大,追求幸福也是每一个人的愿望,会成为决定他的行为动机的一个原因,但它不能被视为道德法则或其根据。与其说道德学是教人怎样谋求幸福,不如说它是教人怎样使自己配享幸福。也就是说,即便我们把伦理学当成一种幸福学说来处理,它也只是研究幸福的合理和必然的条件,而不研究获致幸福的种种手段。幸福不会从天降,幸福是需要付出努力和代价的。而且,有时候它恰恰需要不苦乐才能于无意间得到。康德的意思是我们应当只是去努力履行和完成自己的义务、职责和使命而自身不以快乐和幸福为意,但是,从至善的意义上来说,一切道德努力都应当是得到适当的评价和报偿才算完善,这样,从完整性的角度就需引入宗教,引入永恒,引入灵魂不死和上帝存在的概念。

4　善与至善

人有两种明显区别于其他动物的独具能力:一是形成善观念的

能力——即能够区分什么是好坏;一是形成正义感的能力,即能够区分什么是正邪。这两种能力是构成道德人格的基础。人有了第一种能力,就能够有目的、有意识地形成自己长远的合理生活计划,并为此而努力;人有了第二种能力,就能够调整相互的关系,使各种合理的生活计划并行不悖乃至相互合作与补充。

人的行动、活动和选择都是有意图、有目的的。这种目的可以被称之为"好"或"善","好"和"善"在英文里是同一个词"good",在中文里,我们可以用"**好**"来表示一般的人所欲求的目标,而用"**善**"来表示人所欲求的对象中那一部分具有道德正当含义的目标。我们还可以用"价值"来表示人所欲求的各种目标,最后,我们还可以用"**幸福**"和"**至善**"来称谓个人或社会追求的总的目标。

无论在中国还是在西方的传统社会里,占优势的是一种目的论、价值论的伦理学类型,这种伦理学类型常常把善论(目的论、价值论、幸福论)与德论(功夫论、修养论、义务论、人格理论)结合起来,其中善论主要是讲人要达到的目标,德论主要是讲人要达到这一目标的途径、手段,或者这一目标在人的活动、性格中的体现,故而后者一般要以前者为依据。当然,在像王阳明那样的强调知行合一、功夫即本体的伦理学中,两者又是浑然无间的。我们在亚里士多德那里也可以看到,在最高的层面上,善、目的、价值、幸福乃至德性是融为一体的。

亚里士多德是传统完善论伦理学的主要代表和系统阐述者。人们有时也把他的伦理学理论称之为"至善论""自我实现论"或

"精力论"。亚里士多德认为,人的一切活动、计划都以某种善的事物为目的,这些作为目标的善则有主从、高下,以及同时也作为手段和仅仅作为目的本身的分别。善的事物可以分为三个部分,一部分称为外在的善,另两部分称为灵魂的善和身体的善。其中灵魂的善是主要的、最高的善,是作为最后目的或目的本身的善。这也就是"至善"或"善自身"。

在亚里士多德看来,人的善即合于德性而生成的、灵魂的现实活动。而在一种最高层次的意义上,灵魂的理智思辨与最高的德性、幸福、至善是合为一体的。这种活动是最自足、最无待于他人和外界物质条件的,智慧的人靠他自己就能够进行思辨。比起做其他任何行为来,人也更有可能不断地思辨。哲学思辨还以其纯净和经久而具惊人的快乐。它在自身之外别无目的追求,它有着本身固有的快乐,如若一个人能终生都这样生活,这就是人所能得到的完美幸福。

而且,这与其说是一种人的生活,不如说是一种高于人的生活,我们不是作为人而过这种生活,而是作为在我们之中的神过这种生活,这种思辨表现了我们内在的神性。如若理智对人来说是神性的,那么合于理智的生活相对于人的生活来说当然也就是神性的生活。亚里士多德要我们"不要相信下面的话:什么作为人就要想人的事情,作为有死的东西就要想有死的事情,而是要竭尽全力去争取不朽,在生活中去做合于自身中最高贵部分的事情。"

但这种思辨毕竟不是所有人都能达到或接近的,甚至也不是所

《坐在顶峰的灵魂》(弗尔德里克·雷顿,19世纪末)

在雷顿男爵的作品中,象征人类灵魂的普赛克孤独地坐在寒冷的高峰上,孤独无依,茕茕孑立。

有人都愿承担的。我们可以再看近代德国伦理学家包尔生给出的一个有关"至善"的积极定义:

> 我们可以以一种最一般的方式说,每种动物所意欲的目标,**都是那种构成它本性的各种生命功能的正常训练和实行**。每种动物都希望过合乎自己性质的生活,这种天赋性质在冲动中显示自己,支配着动物的活动。这个公式同样适合于人,他希望过一种人的生活,在这种生活里包含着人的一切,也就是说,**过一种精神的、历史的生活**,在这种生活里为所有属人的精神力量和性格留有活动空间。他希望娱乐和学习、工作和收获、占有和享受、制作和创造;他希望热爱和崇敬、服从和统治、战斗和胜利、写诗和幻想、思考和研究。他希望尽可能地做这些事情,希望体验孩子和父母、学生和老师、徒弟和师傅的关系;他的意志在这样的生活中得到最大的满足。他希望像一个兄弟一样生活在兄弟之中;像一个朋友一样生活在朋友之中;像一个伙伴一样生活在伙伴之中;像一个公民一样生活在公民之中;同时像一个敌人一样对待他的敌人。最后,他希望体验一个爱人、丈夫、父亲所要体验的一切,他希望抚养和教育那要保存和传续他的生命的孩子。在他过了这样一种生活,像一个正直的人一样履行了自己的使命以后,他实现了他的愿望;他的生活是完善的;他满意地等待着结局,他最后的希望就是平静地死去。

这是一个可以适合于所有人的至善定义,但是它还是相当形式化的,这也大概是不能不如此。包尔生也承认其间的具体内容需要由民族的历史生活来填充,因而完善的理想在希腊人、罗马人、希伯来人那里,乃至同为希腊人的雅典人和斯巴达人那里,都包含有相当不同的内容。

近代"善"的概念已经不易规定,进入 20 世纪以后的现代社会则更加深刻地感到了各种"善"或"好"的观念的歧异,至于"至善"的概念则尤其难下断语。但无论如何,人类向善的心并不会泯灭,善的理想还会是引领人类奋斗和努力的火炬。

八

正义

　　苏格拉底:格劳孔啊,现在正是要我们像猎人包围野兽的藏身处一样密切注意的时候了。注意别让正义漏了过去,别让它从我们身边跑掉在不知不觉中消失了。它显然是在附近的某个地方。把你的眼睛睁大些,努力去发现它。如果你先看见了,请你赶快告诉我。

——柏拉图《理想国》

《丢卡利翁和皮拉在正义女神忒弥斯的雕像前祈祷》(Tintoretto , 1542)

伦理可分为个人伦理与社会伦理两个方面,如果我们用"**正当**"(right)一词表示个人行为是"符合道德"的,那么我们可以用"**正义**"(justice)一词来表示社会实践——包括制度、政策及制度中人的行为的"符合道德"。因此,我们在此是把"正义"作为对社会道德评价的基本范畴来使用和探讨的,正义即社会正义,正义即"符合道德",问一个社会是不是正义的,就等于问:一个社会是不是符合道德的;而如果我们问一个人及其行为是否符合道德,我们不用"正义",而用另外的字眼,如"正直""正当"乃至"公正"等等。所以,我们在此所使用的"社会正义"的概念,并不含有现代政治哲学家所争论的特殊含义:即强调社会的重塑、利益的再分配乃至以需求为分配标准等,而只是指正义评价的对象不是个人而是社会。

由于人们对"何为符合道德"的观念不尽相同,人们的正义观自然也就呈现出种种差异,众说纷纭,如有的同学所言:在汉语中,"正义"和"争议"是同样的发音,西方一些学者如麦金太尔甚至认为在现代的启蒙话语系统中,这种有关正义的争议是根本的,不可化解、不可通约的。这种看法也许过于悲观,但是,我们在本章中,确实也是想多介绍一下有关正义的基本要素和主要观点,而不轻易提出结论,我们想采取一种宏观和比较的视角,对中西的观点都有所论列。我们对正义的态度也许应当像苏格拉底那样,总是在致力于探寻和随时有一种反省。

1 "正义"的概念

我们可以按照罗尔斯的划分,在"**正义的概念**"(concept of justice)和"**正义的观念**"(conceptions of justice)之间作出区别。前者只是一个形式的确定:指一种社会制度对基本权利和义务的分配并没有在个人之间作出任何任意的区分、其原则规范使各种对利益的冲突要求有一恰当的平衡。而正义的观念和理论则是具有实质意义的、涉及这种区分和平衡的标准和原则究竟是什么的问题。我们首先谈正义的概念。

中国古代蕴涵有"正义"之意义的概念主要有两组,一组以"正"字开头:正直、正平、正义;一组以"公"字开头:公平、公道、公正。除"公正"外,它们都始见于先秦典籍:

A. 正直——"靖共尔位,好是正直。"(《诗·小雅·小明》);"平康正直。"(《尚书·洪范》)

正平——"弃世则无累,无累则正平。"(《庄子·达生》);"凡民之生也,必以正平。"(《管子·心术下》)

正义——"正利而为谓之事,正义而为谓之行。"(《荀子·正名》)

B. 公平——"天公平而无私,故美恶莫不覆,地公平而无私,故小大莫不载。"(《管子·形势》)

公道——"然后明公职,序事业,材技官能,莫不治理,则公道达而私门塞矣。"(《荀子·君道》)

公正——"公之为言,公正无私也。"(《白虎通·爵》)

这六个双音词是由六个字组成的,撇开表示"义理、规范"的"道""义"而并不论,表示实质意义的是"公""平""正""直"四个字,按照《说文》的释义,大致是借助平释公,借助公释平,借助直释

中国古代神话传说中的神兽獬豸,俗称独角兽。传说它拥有很高的智慧,懂人言知人性,能辨是非曲直,能识善恶忠奸,是勇猛、公正的象征,是司法"正大光明""清平公正"的象征。

正,借助正释直。我们翻检《经籍纂诂》,也发现这四个字经常被用来互训,它们虽有微殊,但实在是意义相当接近的词。因此,在趋同的意义上,我们可以说:公、平、正、直之义可统称为"正义":公即不私,平即不陂,正即不偏,直即不曲,正义即公平正直之义。或者我们还可以再合并一下,把"不偏、不陂、不曲"都归为一义,从而更概括地说,正义即公正之义。

最早,也最能揭示"正义"这种形式含义的一段论述可见《尚书·洪范》:"无偏无陂,遵王之义;无有作恶,遵王之路。无偏无党,王道荡荡,无党无偏,王道平平;无反无侧,王道正直。"这段话至少可说明三点:(1) 这里所说的是社会政治德性,即王道;(2) 王道是正直的,即不偏不陂;(3) 正直的前提是无私。

这种公正无私可比之于天、地、日、月,如《礼记·孔子闲居》中载:"子夏曰:'三王之德参于天地,敢问何如斯可谓参于天地矣。'孔子曰:'奉三无私以劳天下。'子夏曰:'敢问何谓三无私。'孔子曰:'天无私覆,地无私载,日月无私照,奉斯三者以劳天下,此之谓三无私。'"《吕氏春秋·去私》也说:"天无私覆也,地无私载也,日月无私烛也,四时无私行也,行其德而万物得遂长焉。"

现在,我们可以总结一下古代中国人对于正义的最一般解释:正义即公正。公正的含义有二:一曰无私,二曰不偏不陂。正义最好的象征是天,天广大无私,不偏不倚地覆庇所有人。然而,如果要问何为无私,何为不偏,天到底是什么?是有人格的还是非人格的等等问题,就要从形式的正义进到实质的正义。

对于西方的"正义"概念，我们不欲做文字训诂的探讨，而直接进入对正义的定义：

毕达哥拉斯：正义基本上就是平等，就是对等。这种"对等"既有"平等互利"的意思，又有"以牙还牙"进行同等报复的意思。

巴门尼德有《论正义》一诗，认为正义是"有力的复仇者"，正义是不允许产生，也不允许毁灭的，是绝对的。

柏拉图《理想国》："正义原则就是每个人必须在国家里执行一种最适合他天性的职务。""正义就是只做自己的事而不兼做别人的事。"

亚里士多德《政治学》及《尼各马可伦理学》卷五中言：正义是社会性、政治性的品德，是树立社会秩序的基础。正义总是关系到他人，正义分为两类，一类是分配财富和荣誉，即**分配的正义**，一类是在交往中提供是非的标准，即**纠正的正义**，正义是中道、平衡、均等和相称，正义就是把各人应得的给各人。

查士丁尼《法学总论》："正义是给予每个人以其应得的东西的坚定而恒久的意志。"

托马斯·阿奎那《神学大全》：正义"是一种习惯，依据这种习惯，一个人以一种永恒不变的意愿使每个人获得应得的东西"。"公理或正义全在于某一内在活动与另一内在活动之间按照某种平等关系能有适当的比例。"正义可分为自然的正义与实在的正义，自然的正义即根据当然的道理，当一个人拿出一定量的东西时，他可以得到同样多的东西作为交换，实在的正义即通过契约或协议产生正义，后者服从前者。

当代神学家布伦纳（Brunner）《正义与社会秩序》："一种态度、一种制度、一部法律、一种关系，只要能使每个人获得其应得的东西，那么它就是正义的。"

罗尔斯《正义论》："在某些制度中，当对基本权利和义务的分配没有在个人之间做出任何任意的区分时，当规范使各种对社会生活利益的冲突要求有一恰当的平衡时，这些制度就是正义的。"

我们有意选择了这些不同时期不同思想家的具有代表性的论述，来说明正义的形式定义。简要地说正义在结构上可分为三个方面：一是在做什么？二是谁在做？三是对谁做？对做什么的回答是：分配各种基本的政治权利和义务、社会地位和荣誉、经济利益和收入等，这里的分配是最广义的，有时是指某些活动自然的结果（如市场经济）而非政府有意而为，另外，它在最广义上也可包括分配惩罚，这样，纠正或报复的正义就可以包括在内。而能做这些事的当然只能是社会、国家、有权威的组织、制度（包括像市场制度这样的制度），故而这些组织结构就构成"谁在做"的主体，我们因此才说正义是一种社会性、政治性或者说制度的品德。至于"对谁做"的问题，显然，这种分配要涉及一个国家内的所有公民或者一个社会内的所有成员。因而正义的问题是至关重要的，常被认为是最基本或需要最优先考虑的德性。

然而，以上这三个方面还只是说的结构方面的因素，还没有回答"何为正义？"的问题，而要回答这个问题，就需要问"怎样分配才

西方的正义女神雕像。蒙眼,因为司法纯靠理智,不靠误人的感官印象;王冠,因为正义尊贵无比,荣耀第一;秤,比喻裁量公平,在正义面前人人皆得其所值,不多不少;剑,表示制裁严厉,决不姑息。

算恰当?"以此观察我们上面所引的各家论述,我们会发现,他们不仅都同意正义是一种社会德性,正义的主要任务是广义地分配权益等,而且也都同意:正义就是把各人所应得的给各人,使各人各得其所、各得其值。在这个意义上,正义就是均衡、相称,就是不任意区分,也就是有原则或者有法律、持之一贯,而不是随意安排。

然而，这里给出的还只是正义的一个形式定义，我们是否还能从这个定义中发现更多的东西呢？在"应得"或"均衡"后面还隐藏着什么呢？我们肯定不能说一个暴君的任意妄为、反复无常是正义，正义作为社会制度的根本道德原则规范，必然是有"常"的，那么，这个不依时间、地点、条件为转移的"常"是什么呢？

正义总是与平等有某种联系，或者说，"平等"就是这个"常"，正义总是意味着把同等的待遇给同等的人，这就形成常规而非任意。正义的形式定义是可以容纳各种正义观的，包括等级主义的正义观，这种正义观可以概括为：平等地对待属于同一等级或类型的人，不平等地对待不属同一等级或类型的人。甚至它还可以概括为：平等地对待所有人，只有你具有了某种血统、身份、地位、金钱、权力、财富、劳动、贡献等条件，能够使你置身于某一等级或某一类型的，你就会受到这一类型所有成员一样的对待。这些条件对内是共同点，对外则是差异。而人事实上都是有各种不同范围内的共同点和差异的，关键是挑出哪些差异来区别对待，或者说挑出哪些共同点来同等对待。

因此，关键的问题就又转到了划分的基本标准是什么，根据什么来给予人们以同等的或区别的对待。按照社会变迁的历史形态，我们可以说：有的社会主要是根据血统、出身来进行分配；有的社会主要是根据土地、官职来进行分配；有的社会主要是根据金钱、财富之间的某种等价交换原则来进行分配；有的社会主要是按照贡献或需求来进行分配；还有的社会则是混合了各种原则进行分配。

比较中国与西方对正义的诠释,我们发现在正义的形式定义方面,中西并无多少差别,对正义概念的理解基本上是一致的,中国古人所理解的无私与不偏不倚也意味着某种平等,即以某种标准同样地对待所有的人。然而在表述的风格和形式上,中西却有明显的差异,西方比较注意对正义的逻辑探讨,有对正义的严格定义和缜密推理,而古代中国人则比较喜欢用象征和比喻来描述正义,如以"天"象征公道和正义,带有某种感情和直观色彩。

2 正义的观念与理论

以上是从概念、形式来谈正义,我们下面可以比较宏观地来考虑历史上出现过的几种主要正义观念和理论,或者说,可以考虑"正义"在历史上实际地呈现什么面貌,它们的性质是绝对的还是相对的、其力量根据是什么,以及它们是如何为自己辩护,从而形成各种正义观点和理论的。下面我们据此把中西正义理论分为六种主要类型:

1. 强力正义观。这是以公开或隐蔽的强制力量、暴力、权力做为主要依据来确定正义的理论观点,捍卫此观点的古今中外都不乏其人,而且,实际奉行此观点的人可能比公开捍卫的还要多得多。"强权即公理?"就是他们默认的口号,在中国历史上,"胜者为王败者为寇""正义集于公侯之门"的说法也都反映出这一事实。在柏拉图的《理想国》中,特拉叙马霍斯声明"公正不外是强者的利益而已",因此,所谓公正守法也不过是迎合强者的利益,屈从于强者的意志。

法国 17 世纪思想家帕斯卡尔从正义与强力的关系,正义需要某种制裁力量谈到了人们为什么常使强力变为正义:"正义而没有强力就无能为力,强力而没有正义就暴虐专横,正义而没有强力就要遭人反对,因为总是会有坏人的,强力而没有正义就要被人指控。因而,必须把正义和强力结合在一起,并且为了这一点就必须使正义成为强力的,或者使强力的成为正义的。"但是,前一条路看来要

柏拉图(Plato,前 427—前 347)是苏格拉底的学生,他主要著有三十多篇对话,这些对话无论在哲学思想的深度和广度上都达到了后人难以企及的地步,以至怀特海认为后来的西方哲学基本上是柏拉图思想的注脚。在这些对话中,我们不仅可以一窥柏拉图博大精深的思想体系,还可以领略到这些思想的产生过程,以及难以言状的语言文字之美。

比后一条路难得多,所以,实际情况常常是强力成为正义。"正义会有争论,强力却容易识别而又没有争论。这样,我们就不能赋予正义以强力,因为强力否定了正义并且说正义就是它自己。因而,我们既然不能使正义的成为强有力的,我们就使强力的成为正义的了。"帕斯卡尔并不是绝对地否定正义,他嘲讽人间正义毋宁说是为了引出神圣的正义,然而在此确实揭示出人类历史的某种事实。谁也不能否认正义必须借助于强力,问题在以强力还是正义为根基。脱离了强力的正义是软弱的,脱离了正义的强力则是邪恶的。

强力并非意味着总是少数强者掌权,也可能出现弱者联合起来制约强者的情形。例如在柏拉图的《高尔吉亚》中,卡利克勒斯就说:"法的制定者是占人口多数的弱者,他们制定法规,着眼于自己和为自己的利益而表扬和谴责,威胁那些较强的能够胜过他们的人,使其不能超越他们。"后来一些怀疑与害怕民主制会导致"多数暴政"的人,大概也倾向于这种看法。

强力正义观最终将导致道德相对主义,乃至虚无主义的观点,因为它不仅把道德正义交给外在的非道德的东西,而简直是交给不道德的东西去决定了。帕斯卡尔很形象地揭示了这种通过国界封闭在各个国家里的正义观的相对性:"纬度高三度就颠倒一切法理,一条子午线就决定真理,根本大法用不到几年就改变;权利也有自己的时代,……在比利牛斯山的这一边是真理的,到了山那一边就是错误。"茨威格也曾写到在第一次世界大战爆发时一个人从欧洲的东部到西部旅行,看到战争双方的国民都在义愤填膺、群情激昂地游行示威的情景,他们都认为自己的国家是站在正义的一方而发誓要打败和消灭对方。

2. 功利正义论。功利正义论主张正义应当依据功利、幸福或者说非道德价值来确定,正义依赖于善。"最大多数人的最大利益"——边沁的这一公式,可以说是功利主义者的一个基本信条,他们就以此来衡量社会的正义,凡能最大程度地促进这种利益的社会制度,就是正义的制度,反之,则是不正义的制度。功利正义论今天仍然很流行,而溯其根源也是源远流长。早在古希腊,伊壁鸠鲁就谈到:一件事,一旦为法律宣布为公正,并且被公认为有利于人们的相互关系,就变成公正的事,而不论它是否被普遍认为公正。伊壁鸠鲁也谈到正义是由契约、约定而来,人们之所以订立契约都是为了相互的利益和互不伤害,所以,正义归根结底是围绕着功利旋转的。凡是承认正义与价值,道德与利益有某种联系的理论观点,可能都会在某种程度上赞同功利论,这也有其道理,因为人们并不是"为道德而道德",社会也不是"为正义而正义"的,人类还有其非道德的目的和追求。因此,分歧是发生在对利益做何种解释,以及怎样看待正义与功利的关系,两者孰更优先的问题上。一般来说,功利正义论是把功利看得更优先,认为正义必须由功利来决定的。这样,在一些批评者看来,道德正义既然是由外在的非道德的东西所决定,随着利益发生变化,正义也就发生变化,正义就没有一种自足性和确实性了,就没有自己内在的根据了,也就没有一种普遍适用性和恒久性了,这也容易走向相对主义。

3. 契约正义论。我们在此主要是指一种道德理性的契约理论,至于把契约理解为"功利"的理论,我们则归之于功利正义论。这种**契约正义论**认为正义是来自契约,这契约可能是现实的,但更可能是虚拟的,实际上是人的理性立法,意志自律。康德、罗尔斯等都可以说是属于这种契约正义论。康德是反对幸福主义或者说功利论的,他试图通过阐述人同属于两个世界——一个世界是经验世界、功利世界,一个世界是理性世界、道德世界——来捍卫道德的崇高性和纯粹性,道德正义是人的理性的自我立法,体现着人作为理性存在的自由本性。罗尔斯是契约正义论在当代的突出代表,他认为:正义的原则来自一种理性所设计的订立契约的"原初状态"。在这种高度抽象的、虚拟的公平条件下的原初状态中,选择者所达到的公平契约,也就是正义的原则。罗尔斯认为正义独立于功利,正义优先于功利,正义原则决不以利益的权衡为转移,这说明契约正义论较强调道德原则的绝对性。

4. 自然正义论。这一理论主要是指自然法派理论家的正义观点,这些理论家把正义(道德法)与自然法直接联系起来而并不经过契约的中介,认为正义起源于自然法,正义就包括在自然法之中,自然法是客观存在于世界中的普遍法则,是判断人类成文法的最高标准,这种法也就是人本身完美的理性,或者说人神共享的理性。如西塞罗谈到:自然法是正义与非正义事物之间的界限,是自然与一切最原始的和最古老的事物之间达成的一种契约,它们与自然的标准相符,并衍生了人类法。

托马斯·阿奎那的《〈箴言书〉注》插图。伟大的古典哲学家亚里士多德和柏拉图在其左右。

自然正义论者特别强调正义的绝对性、普遍性和永恒性。古典自然法理论家且一般都承认自然法与上帝的联系,但并不以上帝为中心来阐述其理论,而当代西方的许多新自然法理论家就更是谨慎地使自己处在人类理性的范围之内来进行探讨了。自然正义论和上述的道义理性的契约论都是属于理性主义的义务论。

5. 神学正义论。神学正义论是一种以上帝、神为正义的根源，并使正义理论从属于神学的理论。斯多葛派已经有把正义归源于神的倾向，基督教神学家们则进一步巩固了自然正义与上帝的联系，这样，自然法也就等同于上帝法。奥古斯丁径直把基督教教义奉为自然法。中世纪教父也常把自然法等同于圣经的天启法。托马斯·阿奎那依效力等级把法分为永恒法、自然法、神法和人法四级；永恒法是上帝支配世界万事万物的法；自然法是上帝统治理性动物（人类）的法；神法即圣经，是抽象自然法的具体化和补充；人法是君主或国家制定的法律。神学正义论为道德正义建立了一种外在的、神学的根基，赋予道德戒律一种神圣性和严格性，天堂、地狱的描绘也加强着道德的制裁力量。然而，由于神学把人生看做只是通向彼岸的一段旅程，人类社会的正义也就相对处在一个次要的地位。

6. 天道正义论。中国古代正义思想的主流可以说是一种天道正义论，虽然各家各派对天道的理解有些不同的解释。孔子论政说"天何言哉？四时行焉，百物生焉，天何言哉"，把天看做是为政的根本，以后《易传》《礼记》、荀子一系的礼义天道论又进一步发展了这些思想。老子说："人法地，地法天，天法道，道法自然"，至于墨子则更是尊天，而且是有意志，有赏罚的人格的天。把天作为正义之根源，公道之象征，实为中国古代正义观的一个特色。当人们遭受不义时就常常仰望苍天，向天倾诉。屈原问天，窦娥哭天，执法公正的官吏被称之为"青天",正义公道被称之"天理",君主则比之为代表天监下民的"天子"等等,都反映出在古代中国人心目中天与正义的牢固联系。

3 正义的原则

正义的原则构成正义理论的核心,它也最集中地反映了一种正义理论的基本价值取向和实质性观点。我们可以从当代西方最有影响的罗尔斯正义论出发来讨论这个问题。罗尔斯提出他的两个正义原则,是想取代功利主义的正义原则,功利主义的正义原则是单一的,一切都以社会的功利为标准来衡量制度和政策。而罗尔斯提出的正义原则不是一个,而是两个,但这两个原则又构成一个系列,一种次序,必须先满足了第一个正义原则才能满足第二个正义原则。这和罗斯对义务的划分不同,在罗斯那里,六种义务是各自独立、没有先后次序的。而在罗尔斯这里,正义是处在一种"词典式的次序"中的:即先要列出所有 A 打头的词,然后才是 B 打头的词。

罗尔斯的两个正义原则的第一个是"平等自由"的原则,或者更简洁地说就是"自由原则",它是主张要平等地保障所有人的基本自由权利,尤其是良心自由、信仰自由、言论自由和政治自由,它主要是适用于政治领域;第二个原则则主要是适用于社会经济领域,是主张在公平机会的前提下最关怀那些处境最差者,如果说它仍然允许甚至鼓励各种分配差别的话，那么，这种差别现在是必须最有利于那些最不利者。这显然是一个具有较强平等主义倾向的原则，罗尔斯显然也是希望社会通过遵循这样的正义原则，最后达到一种"自由、平等、博爱（表现为均富）"的社会。

换言之，罗尔斯主要考虑的是"自由"与"平等"的协调，他的倾向是在保障基本自由的前提下最大限度地兼顾利益平等——即使这要损害到经济自由。西方学者对他的第一原则争议不是太大，他们主要是批评他的第二原则——最关怀最不利者以求平等的原则。但我们如果放宽眼光也看一看世界（这也是放长历史的眼光），就也许还要考虑还应该有一个正义原则应当更为优先，这就是生存或者说保存生命的原则，即完整地说，一个由"生存——自由——平等"三原则构成的正义系列可能更为恰当。我们在依次研究霍布士、洛克、卢梭三个主要的社会契约论的代表时，也可以发现这样一个系列。

首先是生存，或者说生命的保存。生存意味着身体不受任意的侵害，不受死亡的威胁，也意味着拥有以其所属的文明的标准看来是基本的物质生存资料，这无疑是任何社会、任何国家应当首先满足的基本价值，也是人类之所以由原始社会过渡到政治社会的第一动因。纯粹由拳头和身体来决定一切的状态是可怕的状态，战争、内乱、饥馑等会剥夺千百万人的生命，因此，这是一个国家所要首先考虑防止的。在面对无政府状态的危险，尤其是当道德与宗教等精神上的约束力也被大大地削弱的条件下面对这种危险时，甚至一种有严重缺陷的政治制度也不失为较佳的选择。所以,马基雅弗利、霍布士都强调稳定与和平,赞成君主制政体,这与他们所处的混乱时代很有关系,他们都亲历了战火蔓延的疮痍满目,哀鸿遍野。由于有时生命处于极度无保障的状态,生存就成为压倒一切的问题,稳定为天下之最大利益,尤其是从社会角度看更是如此,个人可以为信念,为道德采取一种舍生取义,杀身成仁的态度,而从社会、国家制度来看,却不能不以保障其社会成员的生命,维护他们正常的

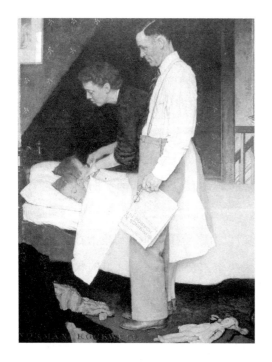

免于恐惧的自由(Freedom from Fear,诺曼·洛克威尔名作"四大自由"系列画作之一)。

生存为其最优先的考虑。"生生大德",保存生命确实应当是一个社会制度的首要德性,是社会正义的第一原则。政治社会的发展看来不能逾越生存的原则而先去满足后面两个原则。它首先必须稳定,建立秩序,使杀人越货受到惩罚,使恐惧不致蔓延。任何名义的侵害他人生命、剥夺他人基本需求的事情都不应当允许发生,在保存生命的理由面前,其他所有的理由都要黯然失色。这种对人的生命的尊重,甚至可以说是从根基处沟通了个人道德与社会伦理,它不仅是社会伦理的首要原则,也是个人道德的基本义务。

但是,我们也需要考虑必须特别强调生存原则的一些历史条件:(1)物质生存资料因天灾或战争极度匮乏;(2)面临外敌即将入侵的危险;(3)面临严重内乱即将爆发的危险;(4)或者已处在权力真空,几种政治军事集团正为问鼎最高权力而激战。在这些时候,无疑应当毫不犹豫地强调生命保存的价值。但这些情况往往发生在人类社会的早期,或者在历代权力更迭的那一过渡时期之中。我们要看到:尽管生存是优先的基本价值,但它也是起码的价值。停留于此就意味着人类社会的停滞状态,甚至没有真正把有尊严的人与动物的状态区别开来。"人是高于温饱的。"如果一个社会只是满足于保障其成员的生存,那还是一个低水平或低度发展的社会。这大概也是在罗尔斯的正义理论中,生存原则隐而不显的原因。它已经是不言而喻的,已经包含在自由和平等原则之中。所以,有必要从第一个正义原则——生存原则过渡到第二个正义原则——自由原则。

自由是什么？一个人如果有一种能力，可以按照自己心理的选择和指导来思想和不思想，来运动或不运动，那么，这就是**自由**了。这就是洛克对自由的理解，这种理解是古老的、朴素的、常识性的，然而今天仍不失为经典的意义。在个人那里，自由就等于自主，就等于在各种欲望对象，各种可能性之间进行选择。然而人是处在社会中的，倘若他由于某些外界原因不能自主，受到了束缚，则他就不自由了。离开思想，离开意欲，离开意志，就无所谓自由，而有了思想、有了意欲，有了意志，亦不一定享有自由，是否享有自由这要看社会条件，这就是社会政治的自由观念的含义。

人类在进入社会之前的自然状态中拥有一种自然自由，此时，他不受任何人间权力的约束，而只以自然法作为他的准绳，而一旦进入政治社会之后，他所享有的自由就始终是与法律联系在一起的自由，是在法律指导和规定下的自由，所以自由并非攻击自由者所说的是"随心所欲""为所欲为"，而是要以长期有效的规则作为生活的准绳，这种规则为社会一切成员所共同遵守，并为社会所建立的立法机关所制定，人能在法律规则未加规定的一切事情上按照自己的意志行事，而不受另一个人的反复无常的、出乎意料和武断的意志的支配。

这样，我们看到，自由一是受到自身理性的限制，人的自由是以他具有理性为基础的。当人幼年理性尚不成熟，就需父母托管，随着理性成长到一定程度，他才获得自由，故说"年龄带来自由"；二是受到自然法的限制，此自然法即道德法，正当法；它不仅在自然状态中存在,在社会状态中仍然活跃着,并指导着成文法的制定。洛克一再强调,自由并非人人爱怎样就怎样的那种自由,而是在他所受约束的法律许可范围内,随其所欲地处置或安排他的人身、行动、财富和他的全部财产的那种自由,在这个范围内他不受另一个人的任意意志的支配,而是可以自由地遵循他自己的意志,所以,谈到真实的社会自由就不能不谈到法律。从最好地保障自由的角度出发,与其谈自由,不如谈法律;与其谈民主和善政,不如谈宪政和法治。

自由可以包括生命的权利,但生命的权利却不能包括自由。生命的权利在自由中表现不仅有人身自由,人身安全以及拥有基本的维持生存的生活资料的自由,除此之外,自由还包括良心的自由、信仰的自由、表达的自由,以及政治和经济方面的自由等。这后面的内容构成社会制度所追求的更高价值目标。

而在此之外,或达此目标之后,制度是否还有必要追求进一步的价值呢?在逻辑上出现更高的必须为社会制度所遵循的正义原则呢?或径直说,是否还有必要追求平等,实现平等呢?

这里,我们可能得碰到"平等"概念的多义性和歧义性。我们前面实际上已经谈到了"平等"了,作为原则,都必须具有一种普遍性,这就意味着生存和自由原则要平等地对待所有相关成员。**平等**可以是一个很广泛的价值范畴,它甚至可以在广义上包含前两个价值范畴。生命价值可以解释为国家要平等地把每一个人都当作人看待,同等地对待每一个人的生命,不容许任意戕杀和残害;也不允许在人之为人的意义上剥夺他赖以生存的基本生活资料,并且,前一方面比后一方面更为重要。而自由的价值亦可以在思想信念和政治领域里解释为平等地对待一切人,"每一个人都被看做一个,而不是更多",用社会制度的眼光来看,没有哪一个人比别人享有更重的分量,每份自由在权利上都是相等的,虽然在实际使用上会有不同。国家在政治上不偏不倚、平等地对待所有成员,没有歧视,也没有偏爱,这就意味着他们享有自由了,因此,思想政治领域里的自由也是可以用平等来界定的,甚至可以说,正是平等突出地表明了思想和政治自由的真义,并且由于它能贯穿到人类社会生活的各个主要方面,也便于人们认识这些社会基本价值之间的联系,便于人们追溯其根据。总之,在思想与政治领域里,自由与平等实际上是一回事,它们是统一的,自由与平等冲突的领域主要是发生在社会地位和经济利益的领域,因此,我们可以改变问题,更确切地提出:在实现了人身、信念和政治权利方面的平等之后,是否还有必要实现社会和经济利益方面的平等?或者,把这种平等实现到何种程度?

我们以卢梭为例。卢梭的思想是复杂的,他所渴望的平等有时是笼统的、最广义的,就像我们前面所说的,是那种包括了生存和自由价值的平等。但是,除了思想信念及政治权利的平等之外,卢梭进一步要求社会经济的平等,他在《论人类不平等的起源和基础》中说:"使我们一切天然倾向改变并败坏到这种程度的,乃是社会的精神和由社会而产生的不平等。"他追溯这种不平等的发展:法律和私有财产权的设定是不平等的第一阶段;官职的设置是第二阶段;而第三阶段则是合法的权力变成专制的权力。相应于上述三个阶

《自由引导人民》(欧仁·德拉克罗瓦,1830)

　　此画是法国浪漫主义画家德拉克洛瓦为纪念1830年法国七月革命的作品,画面中的自由女神戴着象征自由的弗里吉亚帽,胸部裸露,右手挥舞象征法国大革命的红白蓝三色旗,左手拿着带刺刀的火枪,号召身后的人民为了自由和平等而起来革命。

段,则第一阶段是穷富即经济的不平等;第二阶段是强弱即政治的不平等;第三阶段则是主仆的不平等,是不平等的顶点。最后,反过来,个人出身、血统又决定着和加剧了政治与经济的不平等,各种不平等最后必然归到财富上去,都表现为财富不平等。

然而,如果社会能逐步前进到首先剥离开那些由政治、身份因素造成的贫富不均,则在对待剩下的由人的天赋差别和努力程度造成的贫富不齐时,却不能不持一种谨慎的态度。这里可能有两个问题需要人们认真考虑:第一,这种财富和收入的不平等——即在社会消除了其他不平等后仍存留的不平等——是否会重新开始一轮如卢梭所说的恶性循环,即又发展到政治和身份的不平等,甚至变为赤裸裸的奴隶制;是否还有别的抑制手段?第二,旨在消除这种经济不平等的理由是否可能来自别处,即不是来自社会基本制度,不是作为这种制度追求的基本价值,而是作为另一种重要价值而被相对次要层次的社会政策所调节,被自愿结合的社团及个人所追求?但即使回答是肯定的,卢梭的平等渴望仍然有其巨大的意义,就像它曾促使康德摆脱学者的优越感而重视普通人的价值和权利一样,它也促进了社会摆脱历史的偏见而对所有人——包括以往被轻视的"默默的大多数"———视同仁。

我们还可以举当代著名法哲学家德沃金(Dworkin)为例。德沃金认为:政府必须平等关怀它治下的人们——即把他们作为会受挫折、会有失败和痛苦的人们;也必须平等尊重它治下的人们——即把他们作为能理智地、自主地制定和履行他们的生活计划的人。关怀是对人的弱点而言,尊重是因为人有理性,具有形成道德人格的能力而言。而所有人都是有弱点的(即都不是超人)、而一般人也都是有理性的,这种共性就决定了政府必须同等地关怀和尊重他们。这里的关键词是"平等"。德沃金是以"平等"来整合三个正义原则。在他看来,政府必须平等地关怀和尊重它治下的所有人,而不能以某些公民更有价值,应得到更多关怀的理由而不平等地分配机会和产品;它也不能以某些公民的生活计划更高尚,更优越的理由而限制另一些人的自由。我们由此看到他理解的平等关怀着重是指社会经济利益的分配,平等尊重则主要是指政治和思想自由等基本权利。

我们确实可以考虑以一种平等的理念为中心分出三个正义原则的次序:(1)对生命的平等关怀;(2)对公民自由的平等尊重;(3)对经济利益的平等分配。在这三个原则中,对生命的平等关怀自然是首位的,而在这种平等关怀中,生命不能被任意剥夺和伤害的权利,又优先于给予基本的生存资料,保证温饱的权利。其次是对公民自由的平等尊重,在这种平等尊重中,良心及表达的自由至少在现代人看来是优先于参政的自由。这两种平等要求也可以结合起来考虑为是法治的基本精神和基本要求,即法律至高无上,法律是要求平等对待所有人的法律,在这种法律面前人人平等。在实现了上述平等之后,可以考虑经济利益的平等分配,以及这种平等可以达到什么程度。逾越法治的利益平等分配要求常使人忽视另一种地位理当更优先的平等——即基本权利的平等,而人们在满足了基本生存需求之后，比起利益均分来，一般理应更重视能给他尊严的法治保障下的各种基本权利——它们也表现为公民权利，且实现这种权利的平等比起实行利益的平等来，无疑有充足得多的道德理由。

令人感到困难的是，基于生命原则的平等分配基本生活资料与基于狭义的"平等"或者说平均原则的平等分配经济利益常常混淆不清，这里需要建立一个比较明确的何为一个社会的基本像样的生存资料的标准，但在现代发达的工业文明的基础上，至少可以在实践中比较有把握地说，除非在某些特殊的情况下（如巨大的天灾人祸），基本生存资料的满足一般是比较容易达到的，因此，更大经济利益和更高生活水平方面的平等要求应置于基本权利的平等要求之后，对平等的理解应当首先是公民基本权利的平等，然后才是其他方面的平等。因为，对人发展的最大障碍和损害还是首先和主要表现在这些方面，并且对基本权利的侵犯还伤及了人格的尊严和完整。所以，给所有社会成员以平等的公民待遇，可以说是现代社会正义的优先和基本的要求。

九

全球伦理

> 查阅各大国的国歌,我们发现歌词中多含有对敌人的诅咒。歌词中发誓要毁灭敌人,而且毫不犹豫地引用上帝的名义并祈求神助以毁灭敌人,我们印度人正努力扭转这种进程。我们感到统治野蛮世界的法则不应是指导人类的法则。统治野蛮世界的法则有悖人类尊严。……我由衷地感到,全世界对于流血已经深恶痛绝。世界正在寻找出路,我敢说,或许印度古国会有幸为这饥渴的世界找到出路。
>
> ——甘地《向美国呼吁》

甘地领导的1930年食盐进军,非暴力抵抗的一个显著的例子。

非暴力抵抗(Nonviolentresistance)又称非暴力行动(nonviolentaction),一种社会行动,以不使用暴力为宗旨,通过象征性抗议、公民不服从等方式,来达成抗议者希望达成的目标。这种社会运动方式,最早源自于甘地的真理坚固运动,甘地将它运用到印度的独立斗争中。它是现代公民抵抗(Civilresistance)行动中最受重视的一种。马丁·路德·金的黑人民权运动和曼德拉的反对南非种族隔离运动都深受其影响。

上一章我们叙述的主要是一个社会、一个国家内部的正义。然而，如果在时、空两方面展开，则还有**代际正义**、**种际正义**与**国际正义**：代际正义涉及在代与代之间的资源分配和财富储存率的问题，涉及我们是否为子孙留余地，这其中许多问题是属于经济伦理和环境伦理的问题。种际正义则更直接涉及人与其他动物、其他生命形式以致整个自然界的关系，这正是今天的环境伦理学或者说生态伦理学探讨的主要内容。国际关系中的正义则包括诸如战争与和平、全球政治、外交和经济秩序的合理安排等问题。本书的这最后一章将主要探讨国际正义的问题，所以，这一章也可以说是正义问题的延伸，或者说进入应用伦理学的一个重要领域。

1　全球伦理的一个文本

如果我们有一个有关全球伦理的文本，也许可以帮助我们明确

甘地(Gandhi, 1869—1948),印度哲学家、社会思想家,印度独立运动的领袖。甘地没有建立什么精美的思想体系,他的思想可以说是十分简单和深刻的,这就是真理、爱和非暴力。他不仅感召和引导着印度人民通过几十年不屈不挠的非暴力斗争和不合作运动,终于赢得了自己国家的独立,他的精神也给这个暴力充斥的世界带来了一种希望,一种光明。甘地决不止是一个国家的缔造者,他也是一种伟大精神的创造者。

分析的界限和防止可能的混淆,而且这个文本最好还经过了广泛的讨论,即已经成为一个讨论和争议的"话题",这样,一些不同的意见,包括反对的意见也就能得到较充分的表达。那么,1993年世界宗教议会通过的《走向全球伦理宣言》(以下简称《宣言》),正好为我们提供了一个这样的分析文本。

我们根据《宣言》主要起草人汉斯·昆(Hans Küng)的陈述可以判断出:"全球伦理"谋划的起因和动力主要是来自宗教,而其主要着眼点或者说吁请对象则是民族国家,是首先面对世界上民族国家之间的冲突、战争所造成的危机和灾难,以及作为当今世界上最有力量的组织的民族国家却并没有充分担负起自己对世界的责任，发挥自己的作用，去争取和平共存和合作发展的现状。这其中，当然政治领导人负有首要的责任，但它也是每一个人的责任。

换言之，《宣言》所针对的主要是世界上那些最严重的危机和灾难——它们多是由民族国家的冲突造成的，最突出地表现为20世纪那些大规模杀戮的战争。它所诉求的主要对象是生活在各个民族国家中的人们，而尤其是政治领导人，它所希望建立的"全球伦理"也首先和主要是指各个国家之间应当遵循的伦理准则；然而，它又希望各个宗教的信仰者们首先行动起来，不仅致力于缓和与消弭各宗教间的冲突，更努力去争取全世界各民族之间的和平共存。"没有各宗教间的和平，便没有各民族间的和平"，这就是汉斯·昆及其同伴的初衷。而"全球伦理"这一吁请最初并不是出自首当其冲的各国政治家，而是出自精神宗教的信仰者看来并不奇怪。一个

汉斯·昆（Hans Küng, 1928— ），当代著名的神学家、宗教哲学家，"全球伦理"和"宗教对话"的倡导者。

哪怕是着眼于最低限度伦理谋划的起始和发展,也常常需要一种最高精神的发愿和支持。

然而,正如汉斯·昆所言,一种全球伦理不仅仅关涉到各种宗教和各个国家之间的具体问题和严重危机,受到挑战的,还有这个时代的社会整体及其流行的价值体系。德国《时代》周刊的编辑特奥·索美尔批评说,这个时代过分地张扬了自我实现和个性自由,过分地纵容了后现代的任意态度,以至于"一切都无所谓,一切都可以做"了,以至于所有的标准都正在危险地被消解。在一个两岁儿童被两个十岁儿童谋杀后,《明镜》杂志在其大标题中惊呼某种社会取向的危机:"最年轻的一代人必须应付一种价值取向的混乱,这种混乱的程度很难加以评估。这一代人很难确认对与错、善与恶的清楚标准。"这样一种价值取向上的相对主义危机,一种认为共识已普遍丧失并且已不再可能的观点,一种对美德、尊严和高雅风格的戏谑态度,正在不知不觉中向所有人——即便是知识分子也不例外——的思想意识中渗透,它意味着我们可能对身边的事情越来越淡漠,并且越来越倾向于悬搁重要的问题而不再愿意去谴责什么和表扬什么。这种危机的影响容易被忽略然而却又是更为深远和更为根本的,它也许比所有发生过的和发生着的战争都更能威胁我们社会的稳定与和谐。因此,它也许是"全球伦理"谋划的更为深刻的动因。

另一方面,从发展的角度看,世界进入"现代"的过程使世界更紧密地连在一起,形成为一个彼此距离日益接近和相互影响日趋增大的"地球村"。任何一个民族国家都不可能再孤立地发展了。任何一种国家行为甚至个人行为都要在相当程度上影响到其他国家和个人。世界各国的政治、经济、技术的"全球化"于是也呼吁着明确建立起某种全人类的共识,呼吁着建立某种具有普遍性的全球伦理。

然而,到哪里去寻找这种普遍共识呢?在何处可以找到各民族、各宗教的某些最基本的共同之处,以作为它们首先共存,进而合作的起点呢?能在各宗教或各个人的终极信仰或价值追求中寻找吗?然而恰恰在这里,我们要遇到几乎无法消解的歧异和矛盾。或者在所有国家或个人的共同利益中寻找吗?然而利益除了有互利的一面,总是还有相冲突的一面。

汉斯·昆叙述自己准备《宣言》文本的过程是耐人深省的,也是合乎寻求共识的一种思想逻辑的。他从谋求各宗教与各民族的和平开始,认识到首先要找到"新的伦理上的共识",1990年他出版了《全球责任》一书,在世界宗教和全球经济的背景上对世界伦理的需要进行广泛的探讨,并考虑如何使一种世界性伦理落到实处,他也拒绝了以别人起初建议的较含混的"全球价值"来拟定《宣言》,而是明确地定名为"走向全球伦理宣言"。但在《宣言》的文本中,究竟是以强调"各种古典的美德"为指针,还是专注于现代社会提出的"各种应用问题",抑或寻找到一些古老而又具有现实意义的"原则规范",他开始也还是心存疑虑。最后,他说他在长期的思考及广泛的交流过程中逐步获得了三点基本的见解:

汉斯·昆应邀来北京大学发表讲演的海报。

这三点基本见解是:(1)这种世界性伦理必须区别于任何政治、法律理论观点以及意识形态、精神信仰或形上学理论;(2)它的两条基本原则是:一条是以肯定形式阐述的"每一个人都应当得到人道的对待"(或曰"人其人");另一条是以否定形式阐述的"己所不欲,勿施于人!"(3)四条简单明了的行为规范则是:"不可杀人,不可偷窃,不可撒谎,不可奸淫。"

这些就构成了"全球伦理"的主要内容。汉斯·昆在其中反复说明的两点是:第一,它们是各宗教(也是各文明、各民族)已经具有的"共同之处",所以,《宣言》实际上只是"重申",只是更明确地再一次"展示"这些原则规范,它们是古已有之,然而又深具现代背景。第二,《宣言》及其说明中多次提到"全球伦理"所要阐明和要求的只是一种"最低限度的"伦理,只是一种"最低限度的基本共识",是一些"不可或缺的"或"不可取消的"基本标准,说目前暂不能达成共识的不被包括在内。也就是说,我们理解"全球伦理"基本上还是一种"最少主义的伦理"(the minimalist ethic),或者说是一种"底线伦理",之所以说"基本上",是因为《宣言》还表述了一些较积极的、具有明显现代意义甚至西方色彩的推论,对这些"推论"的某些具体内容还可质疑,或者说,其中还有些含混之处,另外,也可以考虑有更切合不同文明、民族的要求和表述。

2　全球伦理能否普遍化?

全球伦理的基本原则规范是否能普遍化?回答这个问题也是对它的一个论证。我们可以考虑康德的"可普遍化原理":你应当如此行动或行为,使你的意志所遵循的准则永远同时能够成为一条普遍的立法原理。那么,"可普遍化原理"到底如何起作用?它是否除了是验证道德规范的必要条件,是否还是其充分条件?在这里,我们在接受它作为一个必要的条件时又得承认它的限度:即承认它不可能做为一个充分条件起作用。这一原理并不是说"凡能普遍化的准则都是道德原则",而是说"凡不能普遍化的准则都不适合作为道德原则"。它的主要作用是用作排除而非构建,然而,这也正是它的力量所在。另外,最基本的一些道德规范都是作为禁令提出来的,而这些以"不可……""勿……"的形式提出来的禁令,还可以通过"可普遍化原理"对其对立命题或者说逆命题的否定,通过这些逆命题的无法普遍化,而得到另一种形式的证明。

现在我们再来看"全球伦理"所提出的道德原则和规范:两项基本的要求(或者说原则)是"人其人"和"己所不欲,勿施于人"。四条规则是:坚持一种非暴力与尊重生命的文化——"不可杀人";坚持一种团结的文化和公正的经济秩序——"不可盗窃";坚持一种宽容的文化和一种诚信的生活——"不可撒谎";坚持一种男女之间权利平等与伙伴关系的文化——"不可奸淫"。

我们更愿意采用以否定形式(即"己所不欲,勿施于人"与"四不可")来表述它们,因为这样较为明确固定,不容易被曲解,也更有可能得到论证和形成共识。作为一种"最低限度的伦理",它不能包括太多的内容,而应当主要由那较少的、但对人类和社会却是最为生死攸关的规范构成。

上述以否定形式表达出的原则规范看来正是这样一些对人类社会最重要和生死攸关的规范,它提出的要求是最基本和最起码的。我们不必做出太多的正面引申和推论,不能期望"全球伦理"解决所有的"全球问题",更毋论所有涉及人的问题,它只能集中于诸如战争、饥馑和那些最严重的凌辱、压制、欺骗、虐待等问题,争取在有助于解决这些问题的基本规则上达成共识,从而使性质上能够普遍化的道德规范,也在实践生活中能较广泛地为人们所履行。"全球伦理"主要是为了防止最坏的情况发生,而坦率地说,其中最坏的一种情况就是大量剥夺人的生命的战争,它并不是要去争取实现理想主义的世界大同。用汉斯·昆的话说,有关全球伦理的宣言首先应当不是任何政治宣言;其次,它也不应是独断的道德说教;最后,它也绝对应当避免成为任何狂热的宗教宣言。

因此,我们应较严格地规定这些规范的内容,并试着建立这些规范与原则之间的关系。"不可杀人"要求尊重生命,但它还无法把其他生命与人的生命等量齐观,无法把"不可杀生"作为不可取消的要求提出;但此处的"杀"应当是广义的,包括对人的身体的打击、伤害、监禁,不予衣食等必需品等,也应包括对人格的直接凌辱、虐待等行为。而"不可盗窃"自然不仅指个人隐蔽的盗窃,更包括公然的抢劫,以及大规模的对个人财产的无端剥夺,没收和重新分配。而"不可说谎"中的"说谎"则看来应一方面缩小范围,不把那些琐碎的、逗乐的、关系不大的说谎包括在内;另一方面又扩大范围,把那些掌握着舆论工具和信息来源,却在一些更大的问题上有意封锁信息,或只提供片面信息,有意误导人们的行为包括在内。"不可奸淫"在这些规范中似乎是最具私人性的一种,在现代社会中它看来主要是针对那些强制和诱骗的性关系,尤其是对未成年人。

而在所有上述规范中,特别需要针对的与其说是以个人名义,不如说是以集体名义犯下的这类罪行。以上行为凡属个人所犯,必

被关在奥斯维辛集中营的儿童。

"奥斯维辛之后,写诗是野蛮的,也是不可能的。"这是德国哲学家阿多诺的一句名言。奥斯维辛是人性与道德脆弱至几近泯灭的标志。在阿多诺看来,奥斯维辛之后,活着的所有人都是罪人,且是不自觉的罪人。诗是美的表达,写诗是美的征途。当诗歌遭遇奥斯维辛就如同"一架缝纫机与一把雨伞在解剖台上的偶然相遇"一样的惊心动魄。他人的苦难无法转化为自身的苦难,做不到有同感的诗人们便没有了痛感,无一例外置身于奥斯维辛之外,以一种"旁观者"的姿态用美和诗意去书写一场人性之恶的苦难悲剧,这便是野蛮的罪证。

然都要遭到刑法的惩罚,但若以群体名义做出,不仅群众常常可以开脱,其领袖甚至反受到赞誉和崇拜。为什么以群体的名义就能犯下若个人所为将必然受罚,个人也将尽力隐瞒的罪行?为什么个人心底里清楚此属罪行,甚至也为之羞愧、不安的行为,群体做起来却理直气壮?因为群体常常为此提出了一套振振有辞的"理由"或"理论"。实在说来,在上述所有四个方面,至少从20世纪来看,造成人类最多不幸的还不是社会中那些个别的刑事罪犯,而是那些大规模的"集体犯罪"——诸如在民族和阶级之间掀起的战争、动乱、人为制造的饥荒、种族灭绝、驱逐、清洗、"净化运动"、集中营、大规模的没收、剥夺乃至于对被剥夺者的人身消灭、子孙禁锢、以出身定终身、意识形态的专制、宗教的迫害、操纵舆论者的大规模欺骗等等。所以,我们说,这些"四不可"规范的对象主要是群体而非个人,尤其是政治性的群体,是民族国家,尤其是那种"全权主义"的国家。

"己所不欲,勿施于人"则可视为"四不可"的一个较为抽象、一般的概括。这里的"不欲"是指一些"基本的不欲"——即一些可以普遍化的不欲。被杀、被关、被打、被盗、被抢、被欺骗以及在两性关系中遭到强制性的凌辱,自然都属于这些"基本的不欲"。"己所不欲,勿施于人"的明确含义也就是,由于我不愿意这些行为发生在我身上,我也不能对别人做这些事。"四不可"实际可看做是"己所不欲,勿施于人"的具体展开,没有它们,"己所不欲,勿施于人"就是空洞的,甚至可能被曲解;而"己所不欲,勿施于人"也是"四不可"

的一个一般概括,"己所不欲,勿施于人"的另一种表述实际上就是"不可强制",即"不可违背其本人意愿而对他做某些事"、"不可侵犯他人",因为,"不可杀人"与"不要奸淫"就是说不能强制和侵犯他人的身体,"不可盗窃"、"不可撒谎"就是说不能强制和侵犯他人的财产或控制他人的意图和信念,哪怕是使用隐蔽和间接的手段。

"己所不欲,勿施于人"离"普遍化原理"实际上仅有一步之遥,亦即在它那里,还有"己"、"人"等主体的称谓,如果将其主语换成"所有人"来表述,那就是"普遍化原理"了,而由于"己所不欲,勿施于人"是把他人置于和自己同等的地位,这一转换并无困难。这样,"四不可"既可作为义务规范分别地予以证明,也可以一起作为一个像"己所不欲,勿施于人"这样一个更抽象的义务原则综合地予以证明。"己所不欲,勿施于人"意味着:即使主体与对象互换,行为的准则也应当是保持一致。而"可普遍化原理"也就是"主体互换",或者说,是将个人行为准则中作为主体的"我",置换成普遍行为规范中作为主体的"每一个人"、"所有人",从而以此来检验这一准则是否真的可以成为普遍规范,这里说的是个人,但这一主体并不因它是个体还是群体而有什么变化,群体的利己主义要比个人的利己主义更为可怕。如果个人的利己主义无法普遍化,民族的利己主义也同样无法普遍化。实际上民族利己主义只能对己而不能对人,它无法普遍提倡,若普遍提倡且坚决实行,人类就将永无宁日。

只有能够通过这种"可普遍化原理"检验的规范才是符合道德规范的,所有的道德规范都必须是普遍规范,那些明显不能成为普遍规范的个人准则不能归入道德规范。所以,"四不可"与"己所不欲,勿施于人"的这种联系,前者被后者所包括,实际上也就从"己所不欲,勿施于人"原则与"可普遍化原理"的相通得到了一个证明。"己所不欲,勿施于人"不仅是能够普遍化的,它甚至就可以说是"可普遍化原理"在另一层次上——实践而非证明的层次上的一种面对面的祈使句式的表述。它是把自己与其他所有人都置于一个平等的地位之上,而"可普遍化原理"的核心精神实际上也就是:第一,只有所有人都遵循的行为准则才真正称得上是行为法则、规律、规范,规范必须具有一种一致性;第二,所有人的道德地位都是平等的。一个人的行为准则因其在类似情况下的一致性才可称为"准则",同样,一个人(尤其是现代社会中的人)不能说他在某种情况下采取的行为准则,别人却不能在类似的情况下采用,否则,就要陷入某种自相矛盾,这就等于说类似的人在类似的情况下所履行的某一行为既是正当的(对他自己而言),同时又是错误的(对所有别人而言)。

我们也可以分别地来论证"四不可"这四条行为规范。从它们本身来说,它们都是作为禁令出现,它们都没有提出什么特别难于做到的、非常积极和正面的要求。它们在普遍化上不会遇到什么障碍,不会构成什么逻辑上不可设想的矛盾。而且,重要的还在于:作为禁令,它们所禁止的行为或行为准则(或者说它们的逆命题)恰恰都是决不可能被普遍化的。有关说谎、许假诺言的行为准则不可能被普遍化已如前述,所有人都可"杀人"、"盗窃"、"奸淫"之行为准则不可能被普遍化也是很明显的。因为,即便此类准则不成为一个普遍义务,而只是一个普遍许可,也可能很快就会像"无诺可许"、"无人可骗"一样,世界上就会"无人可杀"、"无人可淫"、"无物可窃",从而也就无所谓"杀人"、"奸淫"和"盗窃"了。它们就将自己取消自己,自己将自己挫败。而"四不可"的规范实际上只是作为这些决不可能普遍化的准则的否定和排除存在,这时候它们也就成了一种普遍义务——当且仅当行为者不可能希望它的对立物成为普遍法则的时候。

以上只是一种形式的、逻辑的论证,如果真的要使全球伦理的基本规范在全球秩序的构建中具有普遍效力,那么,一种长期的和平对话、讨论,也包括争论的过程是必不可少的——而这种"要和平对话而不要战争"也正是全球伦理的一个基本要求。无论如何,即便一种全球伦理在理论逻辑上是可能的,各民族的宗教或伦理传统也还是要经过一个独立发展、相互交流、平等对话的漫长过程,然后才有望达成某种共识。因为,一切真正有效的、有生命力的、真实的共识都要以多元的各文化充分而健康的发展为前提;而一旦形成了某种全球伦理,各个伦理传统理解它、支持它、阐释它和叙述它的方式也肯定还是有不同,甚至必须是不同的:每个传统首先应该保持自己个性化的理解方式,然后才能对这种全球伦理作出贡献,同时也才能自然地把这种全球伦理纳入自己的文化中,从而避免普遍共识与多元文化之间的紧张以及各文明之间的冲突。

3 持久和平如何可能？

战争与和平的问题是国际正义的一个基本问题。人类会遇到种种的灾难，但杀人的最大恶魔还是人类自己发动的战争。古希腊著名而多产的逍遥学派学者狄凯阿科斯在他的《论人们死亡的方式》一书研究了这个问题。起初，他把所有非人为的死亡原因汇集在一起，如火灾，瘟疫，自然灾害和野兽的突然吞噬，他使我们确信这些东西曾一度血洗了所有的民族，接着，他开始将被人的行动，即被战争和革命所毁掉的人的数目与之进行比较，他得出结论说，由于人为原因而死亡的人数大大超过了其他各种灾害而造成的牺牲者之总和。而且，战争在道德上对人类的影响，常常就像一句古希腊格言所说的那样："战争之为害，就在于它制造的坏人比它所消除的坏人更多。"

所以，我们珍惜生命，反对战争，渴望世界和平。在中国的南京——在这个20世纪发生过一次大屠杀的地方，有一位小学教师张丹，在23年前一次偶然的机会听说头发历经数千年不会腐烂，于是决定每天拔一根头发，她积23年用头发在新千年制成一只和平鸽邮寄给联合国，表达了一个中国女性渴望世界和平的美好愿望。

渴望和平、渴望这世界上不再有战争，这是千千万万普通而善良的人们的衷心愿望，然而，战争却还是一次次不断发生。对人类来说,永久和平或至少持久的和平是否有可能？或者说,对于刚刚跨入 21 世纪的人们来说,一个世纪的和平、一个世纪不再发生大规模的战争是否有可能？持久和平需要一些什么样的条件？我们这里想回顾一下康德在 18 世纪末叶一系列文章中有关人类未来和平条件和改善的可能性论述,尤其是 1795 年写的《永久和平论》。

康德认为:国与国之间要达致永久和平,必须遵守以下一些先决条款:(1)"凡缔结和平条约而其中秘密保留有导致未来战争的内容的,均不得视为真正有效。"这是吸取了历史教训而提出来的条款,然而,在后来的两个世纪中,人类还常常继续进行这样的留下后患、开启战端的秘密外交,这种保留有导致未来战争的内容的秘密外交,也是导致两次世界大战的一个重要原因。(2)"没有一个自身独立的国家(无论大小,在这里都一样)可以由于继承、交换、购买或赠送而被另一个国家所取得。"亦即互相尊重各自的独立、主权和领土完整。(3)"常备军应该逐渐地全部加以废除。"即开启裁军的过程。(4)"任何国债均不得着眼于国家的对外争端加以制定。"这是从经济上约束战争。(5)"任何国家均不得以武力干涉其他国家的体制和政权。"这是指互不干涉内政。(6)"任何国家在与其他国家作战时,均不得容许在未来和平中将使双方的互相信任成为不可能的那类敌对行动:例如,其中包括派遣暗杀者、放毒者、破坏降约以及在交战国中教唆叛国投敌等等。"扩大开来,这是指遵守战争本身的一些基本的道德规则,就像"盗亦有道"一样,战争也还是应当有一些自身的起码的人道规则或使相互保持一种最起码的相互

康德的学术共同体

信任和尊重的规则,例如"两国交兵,不斩来使"、"不杀降卒"、不杀害敌对国的无辜平民等等。

康德说:尽管上述的法则在客观上,也就是说在当权者的意图中,纯属禁令性的法律;然而其中有一些却是严格的、不问任何情况一律有效的,是迫切必须立即实施的(例如第1,5,6各条款)。但是另外的一些(第2,3,4各条款)虽则也不能作为权利规律的例外,但就它们的执行而论,则由于情况不同而在主观上权限便较宽,并且包括容许推延它们的实现,而又不致忽略了目的。

康德在重提这个问题——"人类是否在不断地朝着改善前进"

时也谈到消除战争的过程是首先一步一步使之人道化,接着是逐步地稀少起来,终至于完全消灭。以使人类进入一种奠定在真正的权利原则基础上的不断改善的体制。

至于走向各国之间永久和平的正式条款,康德认为第一条是:每个国家的公民体制都应该是共和制。亦即永久和平不仅是一个国际问题,也还是一个国内问题。国际正义有赖于国内正义。

康德在这里所说的"共和制"还不同于"民主制"。后者是根据"谁在统治"来区分的:即统治的人是一个人(君主制)、少数人(贵族制)还是多数人(民主制)。而前者则是根据"怎样统治"来区分的:即这种政治统治是立宪的还是非立宪的;法治的还是非法治的;共和的还是专制的。在康德看来,共和主义乃是行政权力(政府)与立法权力相分离的国家原则;专制主义则是国家独断地实行它为其自身所制定的法律的那种国家原则,因而也就是公众的意志只是被统治者作为自己私人的意志来加以处理的那种国家原则。所以康德这里所说的共和主义实质上就是立宪、法治、限权和分权,至于它是不是采取君主制的统治形式倒不是很重要。

康德认为,建立起一个立基于权利原则的普遍法治的公民社会,这也是大自然迫使人类去加以解决的最大问题。只有在这样一个社会里,只有在一个具有最高度的自由,因之它的成员之间也就具有彻底的对抗性,但同时这种自由的界限却又具有最精确的规定和保证,从而这一自由便可以与别人的自由共存共处的社会里,大自然的最高目标——亦即她那全部秉赋的发展——才能在人类的身上得到实现。大自然给予人类的最高任务就是外界法律之下的自由与不可抗拒的权力这两者能以最大可能的限度相结合在一起的一个社会,那也就是一个完全正义的公民宪法。人类的历史大体上可以看做是大自然的一项隐蔽计划的实现,为的是要奠定一种对内的,并且为此的目的同时也就是对外的完美的国家宪法,作为大自然得以在人类的身上充分发展其全部秉赋的唯一状态。康德有时也把这叫做"天意"。

永久和平的第二项正式条款是:国际权利应该以自由国家的联盟制度为基础。即首先需要一个国家有一种根据纯粹权利原则而建立起来的内部体制,然后还需要这个国家和其他各个远近邻国联合起来合法地调解他们的争端的体制。这会是一种各民族的联盟,但却不必是一个多民族的国家。这些自由国家联合的基础就在于它们都是尊重权利的自由国家,都是实施共和体制。

永久和平第三项正式条款是:世界公民权利将限于以普遍的友好为其条件。这里正如前面的条款一样,并不是一个仁爱的问题,而是一个权利问题。康德在此严厉批评了西方早期殖民者在美洲、非洲等地对异族的不友好态度,他们把土著居民视作无物,而在亚洲,他们也同样是压迫当地居民。康德那时也已经意识到一种全球化的趋势,并表现出那个世纪特有的乐观情绪,他说:"既然大地上各个民族之间(或广或狭)普遍已占上风的共同性现在已经到了这样的地步,以致在地球上的一个地方侵犯权利就会在所有的地方都被感觉到;所以世界公民权利的观念就不是什么幻想的或夸诞的权利表现方式,而是为公开的一般人类权利,并且也是为永久和平而对国家权利与国际权利的不成文法典所作的一项必要的补充。惟有在这种条件之下,我们才可以自诩为在不断地趋近于永久和平。"这里已经不仅仅是一国公民的权利,而且是作为世界公民的权利,是公开的一般的人类权利或者说作为超感世界的一员的权利,只有这种权利得到普遍的保障,我们才可说是在趋近永久的和平。

康德说,惟有共和的体制才是完美地符合人类权利的体制,但这也是难于创立而且难于维持的体制。但他看来相信有一种自然的倾向或者说天意使人类能够向这个方向迈进。大自然的机制甚至可以就通过人们互相对抗着的自私倾向,而为权利的规定扫清道路,从而在国家本身力所能及的范围内促进并保障内部以及外部的和平。还有与战争无法共处、相互敌对的商业精神也会起作用,康德认为这种商业精神迟早会支配每一个民族。

这无异于说,各个国家将看到,在战场上得不到的东西,将可以通过市场来得到,而且这种得到还不是一方得到全部的得到,不是仅仅一方得利、而另一方受损的得到,而很可能是一种互惠或者说双赢的得到。

但是,和平并不能依赖于这种自然的过程,更不能只是指望人们对自己利益的追求和维护。康德还特别谈到道德理性的作用,以及应当是这种理性的优先承担者的哲学家的首创作用。哲学家应当努力去探讨使和平可能的条件和原则,而且,"哲学家有关公共和平可能性的条件的那些准则,应该被准备进行战争的国家引为忠

《和平与繁荣》（Elihu Vedder，1896）

画面中的女性手拿花环，座位基座上镌刻着古老的谚语"和平与繁荣"。画家借作品表达了对人类前景的美好祝愿。

告。"这就等于说：国家要允许他们自由地和公开地谈论进行战争和调解和平的普遍准则。这里的意思并不是说国家必须让哲学家像法学家那样按其原则来进行裁决；而只是说应该让他们说话，而且人们应该倾听他们。康德说，不能期望"国王哲学化"或者说"哲学家成为国王"，因为掌握权力不可避免地会败坏理性的自由判断。但是，无论国王还是人民，都不应该使这类哲学家消失或者缄默，而是应该让他们公开讲话；这对于照亮他们双方的事业都是不可或缺的，而且因为这类哲学家按其本性不会也不应进行阴谋诡计和结党营私,所以也就不会有诽谤和颠覆的嫌疑。

　　康德当时认为人类走向改善的转折点已经在望,然而,随后的两百年人们却依然目睹了许多战争——目睹了许多前人难于想象的、远比以前残酷和血腥的战争。就像一句名言所说:最大的历史教训就是人们看来简直就没有从历史中学到什么东西。以致我们今天仍然时有康德目睹他以前的人类历史时的同样感觉:"当我们看到人类在世界的大舞台上表现出来的所作所为,我们就无法抑制自己的某种厌恶之情;而且,尽管在个别人的身上随处都闪烁着智慧,就其全体而论,一切却归根到底都是愚蠢、幼稚的虚荣,甚至还往往是由幼稚的罪恶和毁灭欲望所交织成的;从而我们始终也弄不明白,对于我们这个如此之以优越而自诩的物种,我们自己究竟应该形成什么样的一种概念。"

　　而在康德的时代,战争的规模还不大,还相对局限在军人之间,所以,康德还敢说欧洲连绵不断的战争,至低限度也是永不休止的战争危险在客观上还是有某种意义:双方民族因此至少可以在内部享受到自由的无价之宝。战争的危险迄今也还是唯一能够约制专制主义的东西。这是由于现在一个国家若要成为强国,就需要有财富,但没有自由就不会出现任何可能创造财富的活动。一个贫穷的民族要在这方面大举从事,就必须得到共同体的支持,而这又惟有当人们在其中感到自由的时候才有可能。但是,今天在战争的武器变得无比犀利、战争动辄成为总体的、全面的战争,把所有人、包括无辜的平民卷进去的时候,当战争造成巨大的、难于恢复的破坏,甚至不会再有胜利者,而很可能走向同归于尽的时候,战争的这一点残存的客观意义也早已丧失了。

但是,我们并不愿失去信心,我们愿意重温过去的智慧,愿意重提这一艰难的话题:如何防止战争,保障持久的和平。而对于战争的一个根本性约束,当然是越来越多的个人、团体机构乃至民族国家能凝聚起对一些最基本的伦理原则规范的全球共识。

所以说,有关"全球伦理"的讨论是一个世纪末的话题,也是一个新世纪的话题,它既表达了对已经过去的旧世纪的反思,也表达了对刚刚开始的新世纪的希望。虽然它并没有在知识界、更没有在普通的民间社会中引起广泛、持久而热烈的反响,也还没有获得过重大的实质性行动成果。但它确实保有一种活力,不断地被重新提出,因为刺激它一再出现的问题还远没有消失,甚至比以前更加剧了。

所以,不管围绕这一话题所进行的那些活动和努力的最后结果怎样,也不管是不是还有许多人质疑它的可行性和是否具有"乌托邦"色彩,由于它背后的问题总是存在着,由于它总是在以各种形式提请人们注意全世界人所共同面对的一些处境,从而刺激人们寻求通过共同的努力来解决问题,这本身就在无形中影响着我们思考问题的方式,无形中塑造着我们的全球性视角。并且,它所吁请的是和平而不是暴力,是珍爱而不是毁灭生命,是对话、交流与合作而不是封闭、敌对与斗争,正是这样一些主题是值得人们反复讲的,以提醒容易失去记忆的我们。

战争的背影:第一次世界大战中的一队士兵,夕阳下他们的剪影显得那么疲惫、落寞;在和死神的角力中,他们似乎暂时幸运地取胜了,可明天他们还会那么幸运吗?没有人知道这些士兵的命运如何。战争给人们精神带来的巨大创伤是任何手段都无法愈合的,唯愿世界上永远没有战争,和平永驻人间。

全球伦理不是一种学究式的深奥理论，相反，它力求通过最平实的语言向最广泛的民众传达一种信念：我们是相互依存的，因而我们每一个人的发展都有赖于他人和整体；我们对于自己所作的一切都负有不可推卸的个人责任，因而我们要慎重地抉择和行动；我们应当敬重生命的尊严，敬重文化和生活的独特性与多样性，以使每一个人都毫无例外地得到符合人性的对待；我们必须拒绝暴力和伤害，而彼此敞开心怀，在和平的交流中消弭我们之间的种种狭隘分歧，团结一致地去解决共同面对的问题。同时，只有当这种信念渗透到普通百姓的日常生活中时，它才会获得最强有力也最持久的支持。也就是说，除非我们在个人的和公共的生活中达到一种意识和行动上的转变，否则世界就不可能变得更好。

无论如何，20世纪两次世界大战的惨烈后果还是使后来的人们有所约束。20世纪前半叶的重要战争差不多都是总体的、全面的、不宣而战的，中间没有任何妥协的，而20世纪后半叶至少没有发生世界大战，在后十年中，一些局部的战争相对来说也已变得有所克制，一般都是预先警告，先礼后兵，目标有限，并且战争进行时仍不关上谈判的大门，中间也容有妥协。虽然战争仍然是战争，仍然无法免除自己残害生命的责任，但这毕竟是一点进步，但愿人类在新的世纪里能保持和扩大这一进步的趋势。

那么，我们诉诸一种全球伦理，就是为了更好地相互理解，为了在全球性背景下共同寻求一种有益于社会的、有助于和平的、对地球友好的人类的生活方式。

我们祈望和平：不仅国内的和平，而且国际的和平，不仅暂时的和平，而且持久的和平。

而和平的希望也就寓于我们的行动之中，开始于对和平的发愿之中。愿我们每一个人都为此努力。

阅 读 书 目

1. 〔德〕包尔生:《伦理学体系》,何怀宏、廖申白译,中国社会科学出版社,1988年出版。

　　这本书较好地阐述了西方道德观念演变的历史和传统伦理学的观点。

2. 〔美〕弗兰克纳:《伦理学》,关键译,北京三联书店,1987年出版。

　　这本书是介绍现代西方伦理学的一本很好的教科书。

3. 何怀宏:《良心论》,上海三联书店,1994年出版。

4. 何怀宏:《底线伦理》,辽宁人民出版社,1998年出版。

　　这两本书是作者何怀宏阐述其伦理学观点的著作,可结合阅读。

(以上书目由何怀宏推荐)

伦理学概念简释

1. altruism 利他主义：这一术语由 A. 孔德引入伦理学，它指的是对他人的无私心或仁慈的关心，即因他人的缘故，而不是作为一种增进自己利益的方式来促进他人的福利，它是与力图把道德归结为自我利益的利己主义相对的。

2. amoralism 非道德主义：一般而言指的是这样一种态度：忽视或拒绝那些道德支配人类生活的方式，并怀疑伦理生活的必要性。

3. analytic ethics 分析伦理学：这一术语指涉对于道德概念的分析，但它作为一种独特的方法，开始于 G. E. Moore 的《伦理学原理》(1903)，随后分析伦理学发展成为对道德判断、道德判断的类型和它们的功能的语言分析。

4. applied ethics 应用伦理学：也称"实践伦理学"。即研究怎样应用伦理原则、规则、理由去分析和处理产生于实践和社会领域里的道德问题。

5. *arête* 德性："德性"(virtue)和"卓越"(excellence)的希腊词。

6. axiology 价值论：对于价值和评价的一般性研究。包括对价值的意义、特性和分类，评价和价值判断的特征等。在传统上，价值论的问题属于一般伦理学的研究，但从上个世纪以来发展成为一个专门的分支。

7. casuistry 决疑法：这是对于那种一般道德原则不能直接应用于其上的个别道德案例的一种研究，旨在决定它们是否能被放进一般规则的范围。

8. categorical imperative 绝对命令：根据康德的观点，绝对命令乃是我们的行为原则或公理的选择上的基本的和绝对的形式要求。

9. cognitivism 认知主义：指这样一些伦理理论，它们认为，存在关于道德事实的知识，并且规范的伦理判断可以说是或真或假的，认知主义包括了大多数传统的伦理学理论。

10. common good 共同善：一个共同体公共的和共享的利益，如和平、秩序、安全等。

11. common sense morality 常识道德：为普通人所持有的前理论的道德信念。

12. community 共同体：在伦理学中，共同体不是那种为了某个特殊目的而按照规则组织起来的团体，相反，它乃是其成员们通过相互合作和互惠互利而联合起来的社会背景。

13. consequentialism 结果论：认为一个行为的价值完全由它的结果所决定，因而提出伦理生活应当是前瞻性的，即关心把行为结果的善加至最大和把坏的后果减至最小。功利主义和实用主义是效果论的重要代表。

14. contractarianism 契约主义：以社会契约理论为基础的一种对伦理学的探索。它有两种形式：霍布斯式的契约主义和康德式的契约主义。霍布斯认为道德来自于为了相互有益的合作的必要约束。康德式的契约主义也称为"契约论"，强调人的道德地位是天然平等的。

15. conventionalism 约定论。这个论点认为：是人类的约定而不是独立的实在或必然性，塑造了我们关于这个世界、科学理论、伦理原则及其类似东西的基本概念。在道德哲学中，约定论是指这样的观念：道德规则起因于社会的约定。

16. deontology 义务论：是一种以根据义务和责任而行动为基础的伦理学。它把义务或职责看做是中心概念，与目的论或效果论的伦理学相对立。

17. descriptive ethics 描述的伦理学：它是对道德规范和相伴随的一个人或一群人的道德观念所作的调查。该理论认为，对道德观点的描述是人们在特定时间和特定的共同体内所持的道德原则。

18. divine command theory 神圣命令理论：在伦理学上，这种立场宣称，行为的正当或错误依赖于它是否符合神的命令。

19. duty 义务：义务作为伦理概念可追溯到斯多亚派，而在康德的伦理学中成为道德的中心概念。对于康德来说，义务即"应当做的事"，即对行为的强制性约束。

20. egoism, ethical 伦理利己主义：也称"规范利己主义"或"理性利己主义"，一种认为对自己的某种欲望的满足应是自我行动的必要而又充分条件的伦理观点。

21. emotivism 情感主义：也称为"伦理学的情感理论"。它认为，所有的评价判断尤其是所有的道德判断，就它们在特性上是道德的或评价性的而言，仅仅是偏爱的表达，态度或情感的表达。

22. ethical individualism 伦理个人主义：这种观点认为，只有个体的人才是道德谓词和价值的主体，是道德考虑的中心所在。根据这种观点，道德评价的选择取决于个人，个人应是道德的终极性权威和裁定者。

23. ethical knowledge 伦理知识，也称"道德知识"：道德规定能从关于道德真理或原则的知识中得到，可是否有这样一种知识却是有争议的问题。相对主义、怀疑主义和虚无主义通过否定有可知的道德事实或道德真理而否定道德知识的存在，而另一些哲学家则认为普遍的道德规范能从理性或直觉中引申出来。

24. ethical objectivism 伦理客观主义：与"伦理主观主义""伦理怀疑主义"和"伦理相对主义"相对立。认为伦理判断不是有关主体的，或者不仅仅是有关主体的，并且认为，至少某些伦理判断涉及事实，能够得到合理论证。它们的真假独立于诸如感情、欲望、态度、信念等主观的东西。

25. ethical rationalism 伦理理性主义：一个用来描述康德的道德理论及其主张的术语。这种主张认为，道德判断是纯粹理性的,与感情和性格发展无关。

26. ethical relativism 伦理相对主义:这一理论认为,伦理术语和伦理原则是相对于文化、社会甚至个人的,关于同一个问题有不同的伦理判断,没有决定性的推理方法能够裁决这些冲突性的判断。因此,没有客观的伦理真理。

27. ethical subjectivism 伦理主观主义:相对于伦理客观主义。它认为,伦理判断是关于主体对某物的感情,而不是关于独立的道德事实的。没有独立于我们感情的道德真理。

28. ethical virtue 伦理的德性:亚里士多德认为,这一类德性属于灵魂的那一自身不是理性,但却能服从理性的部分。与此相对的是"理智的德性"。伦理德性涉及感情和行为。它是一种固定的品格倾向,自愿经常地做为社会所敬重的事情,它的获得是通过不断的实践而养成某种行为习惯。

29. ethics, intuitionistic 直觉主义伦理学:是一种客观主义伦理学,主要提倡者包括西季维克、摩尔、罗斯等。就其一般意义而言,这是一种涉及道德陈述的认识论地位的论点。它主张伦理知识可通过直接的意识或必然的洞见而得知。

30. ethics, normative 规范伦理学:伦理学的一种类型,通常与元伦理学相对。它的中心关切不是道德概念或道德方法,而是实质性的道德问题。它的基本目标在于确定道德原则和规范是什么,这些原则指导道德行为者去确立道德上正当的行为并提供解决现存的伦理分歧的方法。

31. êthos 品格：希腊词：品格、气质，出自 ethos（习惯、习俗）。êthos 与 ethos 不同。亚里士多德将 arete（德性或卓越）划分为两个部分：理智的德性和品格的德性（ethika arête），后者一般被译为"伦理的德性"。根据亚里士多德的观点，ethos（习惯）对于我们获得 ethika arete（伦理的德性）是至关重要的。

32. etiquette 礼节：支配社会行为的规范和假言命令，它是通过口头的传统而不是成文的规则继承的，并体现在一个共同体内的社会生活的几乎每一个方面。

33. eudaemonism 幸福论：源自希腊文 eudaimonia，意思是幸福或健康。这种伦理学观点认为幸福是一种特性，据此所有内在善都是好的，而且我们所有的理性行为最终都可证明是正当的。因此，我们应把幸福作为最终的生活目标去追求，并为了幸福而从事其他一切事情。

34. eudaimonia 幸福：希腊词，该词由 eu（好）和 daimon（神灵）组成，字面意义为"有一个好的神灵在照顾"，意指人类总体的善。

35. fairness 公平：平等、合比例和公正的对待，是涉及财物和义务分配的体制的一种德性。

36. final good 终极善或至善：终极善的概念在古代伦理学体系中是根本性的。每个行为都是为了追求一个目的，而这个目的对于行为者而言是善的。对某些善的追求自身是为了更高的善，因此有一个善的等级体系。由此推论，必定有一种单一的善，它由于其自身之故而被追求,而其他的善都是因它的缘故而被追求。这个单一的善是终极性的(或最好的、最高的)善,也称为最终目的。

37. formalism(ethics) 形式主义(伦理学的):该理论认为,决定人在道德上是否应当履行或避免一定的行为,一个人不应当注意行为本身的性质,而应当构建一套非常抽象的道德原则和法则;这些原则和法则可以普遍地应用,并不考虑具体的人和伦理问题在其中产生不同的环境。

38. generalization principle 普遍化原则:这一原则提出,对一个人是正确的东西,对处在相应类似情况下的每一相应类似的人也必定是正确的。这一原则在精神上与"金规"或康德的绝对命令相类似。

39. golden rule 金规:这个规则在西方文化中起源于《圣经·马太福音》(7.12)中的耶稣。它的最一般的表达是:"你要对待他人如你愿他人待你一样。"

40. good will 善良意志:康德的术语,指一种会做出道德上值得称赞的选择的自我意识倾向。

41. the greatest happiness principle 最大幸福原则:这条原则提出了古典功利主义的核心思想。根据这条原则,如果一个行为给有关的最大多数人带来了最大幸福,这个行为就是道德的,最大幸福意味着最大的快乐和最小的痛苦。

42. hedonism,ethical 伦理快乐主义:它主张快乐或幸福是生活中最高的和最内在的善,人们应追求尽可能多的快乐和尽可能少的痛苦。

43. impartialism 公正无偏：在各种利他主义道德理论，尤其是康德伦理学中反映出的一种倾向。它倡导道德思考应脱离各种形式的不公平和自私自利的观点，并强调道德理性的普遍化。

44. imperfect duty 不完全义务：康德做出了完全义务和不完全义务的区分。完全义务是在任何情况下都必须完成的义务，而不完全义务是一种可以根据环境权衡的义务。

45. judgement of obligation 义务判断：一个告诉我们做什么是对的或我们应该做什么的判断，例如"骗人是不正当的"。这些判断是与我们的行为直接相关的，它与价值判断是相对立的，价值判断不是直接与我们的行为或行动相关的，而是涉及人和动机。

46. meta-ethics 元伦理学：与研究实质性伦理问题的规范伦理学不同，元伦理学一般被认为是研究伦理学本身的。其主要成分包括对伦理学性质的研究，对关键性的道德词汇进行概念分析，以及对回答道德问题的方法的研究。

47. moral absolutism 道德绝对主义：这个论点是，有一定的道德客观原则，它们是永恒的、普遍的正确，不论它带来的后果是什么，这些原则绝不能被合理侵犯或放弃，这种原则的范例包括"不许杀人""不许撒谎"等等。

48. moral agent 道德行为者：指任何能够构建或遵循普遍的道德原则和规则的人，他或她有着自律意志，能最终决定应履行和不应履行什么行为的人。

49. moral atomism　道德原子主义：指那些把个人以及个人的权利、价值或利益作为思考道德对错的基础的理论。它与道德整体主义相对立，后者强调终极价值在于系统而不在于组成系统的个人。

50. moral law　道德法：对于康德来说，一切道德法则都是原则或准则，但并非所有的原则或准则都是道德法则。道德法则是理性存在者按照它来行动并愿意把它作为一切理性存在者的准则的准则。

51. moral luck　道德运气：指的是一种现象，即我们的行为在道德上的好与坏仅仅依赖于机遇。

52. moral patient　道德被动者：一种道德身份，与道德行为者相对。如儿童和脑损伤者。道德被动者缺乏使他们能够控制他们自己行为的先决条件，即使他们在道德上能对他们所做的负责。

53. moral psychology　道德心理学：伦理学的一个实质性部分，它涉及那些与道德行为有重大关系的心理现象的结构和现象学的分析。

54. moral realism　道德实在论：它相信，道德事实或伦理性质诸如好与坏，善与恶是不依赖我们的信念和意志而存在的，并认为伦理学应当发现有关它们的真理。

55. moral reason　道德理性：实践理性的代表形式，一种引导一个人做出道德判断和指导一个人的道德行为的思维。

56. moral sense　道德感：类似于美感，道德感被认为是直觉性的、无利害关系的官能,它使我们能够从我们所感觉到的东西认识到诸如好与坏,德性与恶的道德性质。

57. motive utilitarianism 动机功利主义:功利主义的一种形式,它将功利原则直接应用于行为的意向,间接地应用于行为。试图将伦理学的思考从传统功利主义的以对行为的道德评价为中心,转换为对产生行为的动机评价为中心。

58. natural law 自然法:在伦理学上,自然法的信奉者们认为(a)人类世界存在着自然的秩序,(b)这种自然秩序是善的,(c)因此人们决不应该违反这个秩序。

59. naturalistic ethics 自然主义伦理学:在宽泛的意义上,它主张伦理陈述是经验的或实证的,必须根据人类的自然倾向来理解,无需神秘的直觉或神灵的帮助。

60. naturalistic fallacy 自然主义谬误:摩尔认为善是单纯的不可定义的,而无论怎样试图给善下定义都是错误的,试图用自然对象给善下定义尤其错误。摩尔把给不可定义的善下定义的企图称为"自然主义的谬误"。

61. noncognitivism 非认知主义:也称"非规定主义",一种元伦理理论,它否定我们能够通过直觉而得到道德知识,也否定伦理陈述能够解释为可为观察或归纳推理证实的科学陈述。它主张伦理词汇不指涉属性,伦理判断不能用来表达事态,因而说不真也不假。

62. nonnaturalism(ethical) 非自然主义(伦理学的):与伦理

学的自然主义相对,它主张,伦理词汇不能诉诸自然词汇而下定义,伦理特性是非自然特性,是不可观察和不可为科学解释的。

63. paternalism 家长制:在伦理学中,它意为某人干涉另一个人的自由,而相信他这样做正在促进他所干涉的那人的善,即使这个行动引起了那人的反对。

64. pluralism 多元论:道德多元论相信,不同的道德理论都只是部分地抓住了道德生活的真理,但是没有哪一种理论给出了完整的答案。

65. prescriptivism 规定主义:为黑尔在他的《道德语言》和《自由理性》所发展的一种道德理论。据此,道德哲学的主要任务是阐明道德词汇和陈述的性质。

66. *prima facie* duties 显见义务:这个概念为 W. D. 罗斯在他的伦理学著作中阐发,指相对于不同场合的义务,与绝对的义务,即在任何情况下都应履行而没有例外的义务相对。

67. principle of utility 功利原则:也被称为最大快乐原则或最大幸福原则。它是功利主义的核心观点,由边沁首先系统提出。功利原则主张我们应根据一个行为所产生的结果来判断它的道德价值。

68. psychological egoism 心理利己主义:这个观点认为,人出于本性追求他们认为是他们的自我利益的东西,故人在本性上是利己的。

69. public morality 公共道德:它是这样一个领域,在这个领域中，人们行为的准则是由法律所强制的，违反这一道德法规将根据刑法而受到制裁。

70. rule utilitarianism 规则功利主义：与行为功利主义相对立的一种功利主义，在这一形式中，用来评价功利的是一般规则而不是行为，从而将所关注的问题由个人转向习惯和风俗。

71. sentience 感受性：是指体验快乐和痛苦的能力。由于功利主义的基本道德原则是将快乐最大化和将痛苦最小化，所以边沁建议，道德考虑的基础应是感受性而不是理性或语言。

72. teleological ethics 目的论伦理学：这种理论认为，一个行为的道德价值是由行为所实现的一定的目的、结果来决定的。

73. utilitarianism 功利主义：为边沁、密尔、西季威克和其他许多人所发展的一种主要的现代伦理学理论。宽泛地说，这个理论认为，一个行为的正当与错误是为它所产生的善的、好的或坏的、恶的结果所决定的。

74. utilitarianism, act 行为功利主义：这种理论依据行为本身所产生的后果的善与恶来判断道德行为的有效性，所以我们应追求在每一种环境条件下能产生最大快乐的行为。

75. utilitarianism, ideal 理想的功利主义：W. D. 罗斯的术语，指为摩尔所倡导的一种功利主义，摩尔不是把快乐，而是把诸如知识和对美的对象的享受等看做是对结果的善具有决定性的事情。

76. utility 功利：有用的或好的并带来快乐或幸福的东西。

77. value, intrinsic 内在价值：在一般意义上，内在价值指的是一个事物在正常情况下对于多数人具有的价值。

78. virtue ethics　德性伦理学：把德性看成是主要的伦理理论，它提出伦理学的中心问题"我应该怎样生活"可以建构为"我应该是哪一种人？"，它的目的在于描述在一定的文化或社会之中受到敬重的品格类型。

79. well-being　好的生活：为了把握柏拉图和亚里士多德称之为"幸福(eudaimonia)"的特征，某些哲学家宁可用"好的生活"而不用"幸福"，它规定 eudaimonia 作为一种满意的状态，不是某一时某一天，而是一个人一生的事情。

后　　记

这本书是为所有关注"伦理学是什么"、愿意反省道德问题的读者写的，它注意了两个方面的内容，一是介绍知识：即介绍了伦理学学科的基本概念和主要原理，以及中外哲学史上一些重要的伦理学流派和哲学家的观点；二是分析实例：其中包括对一些最近现实生活中发生的材料和例证进行分析，这些分析也融入了我近几年讲授"伦理学导论"和"应用伦理学概论"课程中的一些经验和体会（可参见书中"老师"的看法）。

但更重要或者说我最希望的是在本书中始终推崇一种独立思考和深入反省的精神——包括对本书提出的观点进行反省和批评，因为这些观点并不想成为独断的教条。本书的作者愿和读者一起共勉：过一种有"思"的生活，过一种有"德"的生活。这样的生活是值得过的。

这本书也是一种使伦理学原理生动和通俗化的尝试，但有些地方的叙述可能还是失之艰涩。我只能自我辩解说：任何知识的学习都是需要付出努力和代价的。并且，这也许使它不仅可以作为个人的读物，也可作为切磋和讨论的材料，乃至作为教材来使用。我希望同学们有机会的话,能自己结合伦理学理论对本书提供的几个例证进行分析和讨论,例如第一章第三节"偷钱为兄交学费"的实例;第三章第一节"海上救生"的例证;第六章第二节"少年凶手自述"的例证。

我在本书中所表达的实质性伦理学观点,与以前没有大的不同,即它们基本还是表现在我以前的伦理学著作《良心论》《底线伦理》等书中的观点,其最简略的概括可见《底线伦理》中"一种普遍主义的底线伦理学"一文。本书大致遵循了这些观点,也适当采用了以前的一些叙述,这主要见之于后面的几章:第四、五、六和九章,但本书的大部分内容都是新写的。

我在去年8月之后,因为腰部手术恢复较慢,且有反复,一直不太能坐着工作。我曾尝试过用口述的办法,但效果不甚理想;也曾提供材料,请一些同学试写一些章节,也不是很成功。所以等到身体好些,还是自己动笔,其中有不少内容是躺在床上写出来的。

我要感谢卢华萍、孔美荣、赵正国、朝格图、葛四友等同学在协助我于病中写作初稿时的帮助,她(他)们分别试写了一些章节,虽然最后的书稿只采用了其中个别叙述和例子,但她(他)们的工作还是给了我宝贵的支持。我还要感谢赵丽君同学在一次伦理学课期末考试提交的论文中有关"凶手自述"的例证和分析(见第六章第二节),以及两年前一位不知名的、向我提供"海上救生"素材希望进行分析的同学,最后,我还要感谢蔡蓁同学为编制"伦理学概念简释"所做的工作。

当然，如果不是杨书澜女士近两年来不断的热情催促，我很可能会放弃写这本书，她的工作精神令我感动。

何怀宏

2002 年 3 月 15 日

编 辑 说 明

自 2001 年 10 月《经济学是什么》问世起，"人文社会科学是什么"丛书已经陆续出版了 17 种，总印数近百万册，平均单品种印数为五万多册，总印次 167 次，单品种印次约 10 次；丛书中的多种或单种图书获得过"第六届国家图书奖提名奖""首届国家图书馆文津图书奖""首届知识工程推荐书目""首届教育部人文社会科学普及奖""第八届全国青年优秀读物一等奖""2002 年全国优秀畅销书""2004 年全国优秀输出版图书奖"等出版界的各种大小奖项；收到过来自不同领域、不同年龄的读者各种形式的阅读反馈，仅通过邮局寄来的信件就装满了几个档案袋……

如今，距离丛书最早的出版已有十多年，我们的社会环境和阅读氛围发生了很大改变，但来自读者的反馈却让这套书依然在以自己的节奏不断重印。一套出版社精心策划、作者认真撰写但几乎没有刻意做过宣传营销的学术普及读物能有如此成绩，让关心这套书的作者、读者、同行、友人都备受鼓舞，也让我们有更大的信心和动力联合作者对这套书重新修订、编校、包装，以飨广大读者。

此次修订涉及内容的增减、排版和编校的完善、装帧设计的变化,期待更多关切的目光和建设性的意见。

感谢丛书的各位作者,你们不仅为广大读者提供了一次获取新知、开阔视野的机会,而且立足当下的大环境,回望十多年前你们对一次"命题作文"的有力支持,真是令人心生敬意,期待与你们有更多有益的合作!

感谢广大未曾谋面的读者,你们对丛书的阅读和支持是我们不懈努力的动力!

感谢知识,让茫茫人海中的我们相遇相知,相伴到永远!

北京大学出版社

2015 年 7 月

"人文社会科学是什么"丛书书目

哲学是什么　　　　　社会学是什么
文学是什么　　　　　心理学是什么
历史学是什么　　　　教育学是什么
伦理学是什么　　　　管理学是什么
美学是什么　　　　　新闻学是什么
艺术学是什么　　　　传播学是什么
宗教学是什么　　　　法学是什么
逻辑学是什么　　　　民俗学是什么
语言学是什么　　　　考古学是什么
经济学是什么　　　　民族学是什么
政治学是什么　　　　军事学是什么
人类学是什么　　　　图书馆学是什么